Andreas von Foerster

# Grundlagen des Rechnungswesens

kompakt & strukturiert



1. Auflage

Bestellnummer 02103

Bildungsverlag EINS
westermann

**Bildquellenverzeichnis**

Umschlagfotos:
Hintergrund: iStockphoto.com, Calgary (Nikada)
Vordergrund: Fotolia.com, New York (contrastwerkstatt)

**service@bv-1.de**
**www.bildungsverlag1.de**

Bildungsverlag EINS GmbH
Ettore-Bugatti-Straße 6-14, 51149 Köln

ISBN 978-3-427-**02103**-2

westermann GRUPPE

# Vorwort

Ziel dieses Lehrmittels ist die leicht verständliche Einführung in das Rechnungswesen. Aufgrund seiner Ausrichtung auf das Wesentliche vermittelt das Heft schnell einen guten Überblick über das System der **doppelten Buchführung**.

Alle für das selbstständige Führen einer Buchhaltung relevanten Themen werden auf je einer Seite in kurzer und prägnanter Form erklärt. Gegenüber befindet sich jeweils eine **Tafel**, die die entsprechenden Theoriegrundlagen grafisch veranschaulicht. Diese einprägsamen Abbildungen mit den farblichen Hervorhebungen der wesentlichen Elemente erleichtern das Lernen erheblich.

Großer Wert wird auf eine sorgfältige Herleitung der Zusammenhänge zwischen Bilanz, Gewinn- und Verlustrechnung und den einzelnen Konten gelegt. Nach der Vermittlung des Grundverständnisses für die korrekte Formulierung eines Buchungssatzes werden die wichtigsten Geschäftsvorfälle im Handels- und Industrieunternehmen, wie beispielsweise die Verbuchung der Umsatzsteuer oder die Lohnabrechnung, behandelt. Daran schließt sich ein ausführliches Kapitel über die Jahresabschlussbuchungen an. Die mit dem Titel **Kaufmännisches Rechnen** überschriebenen Themen widmen sich schließlich v. a. der Kosten- und Leistungsrechnung, der Analyse von Bilanz und Gewinn- und Verlustrechnung sowie der Erstellung einer Kapitalflussrechnung.

Für Kritik und Anregungen bin ich jederzeit empfänglich sowie dankbar und wünsche allen Lernenden viel Erfolg.

Andreas von Foerster
lic. oec., dipl. Handelslehrer

**Andreas von Foerster,** geboren 1972 in Zürich, Vater eines Sohnes, schloss sein Studium an der Universität St. Gallen (HSG) als lic. oec., dipl. Handelslehrer ab. Der Autor unterrichtete an verschiedenen kaufmännischen Schulen in der Grund- und Weiterbildung. Nach diversen Tätigkeiten im Rechnungswesen und Controlling arbeitet er heute als Business Intelligence Analyst und Data Scientist in der Finanzbranche.

# Abkürzungen

| | |
|---|---|
| A | Aktiva |
| AB | Anfangsbestand |
| AfA | Absetzung für Abnutzung |
| AG | Arbeitgeber |
| AG | Aktiengesellschaft |
| ALV | Arbeitslosenversicherung |
| AN | Arbeitnehmer |
| ARA | Aktive Rechnungsabgrenzung |
| AU | Aufwendungen |
| BAB | Betriebsabrechnungsbogen |
| BBG | Beitragsbemessungsgrenze |
| BeBu | Betriebsbuchführung |
| DB | Deckungsbeitrag |
| E | Erträge |
| EBK | Eröffnungsbilanzkonto |
| EK | Eigenkapital |
| EWB | Einzelwertberichtigung |
| FGK | Fertigungsgemeinkosten |
| FGKZ | Fertigungsgemeinkostenzuschlagssatz |
| FiBu | Finanzbuchführung |
| FK | Fremdkapital |
| FL | Fertigungslöhne |
| FLL | Forderungen aus Lieferungen und Leistungen |
| FM | Fertigungsmaterial |
| GK | Gemeinkosten |
| GoB | Grundsätze ordnungsmäßiger Buchführung |
| GuV | Gewinn- und Verlustrechnung |
| GWG | Geringwertige Wirtschaftsgüter |
| H | Haben |
| HGB | Handelsgesetzbuch |
| HK | Handlungskosten (im Handelsunternehmen) |
| HK | Herstellkosten (im Industrieunternehmen) |
| HKZ | Handlungskostenzuschlagssatz |
| JAEG | Jahresarbeitsentgeltgrenze |
| K | Kapital |
| KER | Kurzfristige Erfolgsrechnung |
| KG | Kommanditgesellschaft |
| KLR | Kosten- und Leistungsrechnung |
| KV | Krankenversicherung |
| MGK | Materialgemeinkosten |
| MGKZ | Materialgemeinkostenzuschlagssatz |
| MwSt | Mehrwertsteuer |
| OHG | Offene Handelsgesellschaft |
| p | Zinssatz |
| P | Passiva |
| PRA | Passive Rechnungsabgrenzung |
| PV | Pflegeversicherung |
| PWB | Pauschalwertberichtigung |
| R | Rendite |
| RG | Reingewinn |
| RS | Rückstellungen |
| RV | Rentenversicherung |
| S | Soll |
| Sa. | Saldo |
| SB | Schlussbestand |
| SBK | Schlussbilanzkonto |
| Stk. | Stück |
| SV | Sozialversicherung |
| t | Anlagedauer in Tagen |
| T€ | Tausend Euro |
| USt | Umsatzsteuer |
| VLL | Verbindlichkeiten aus Lieferungen und Leistungen |
| VSt | Vorsteuer |
| VtGK | Vertriebsgemeinkosten |
| VtGKZ | Vertriebsgemeinkostenzuschlagssatz |
| VwGK | Verwaltungsgemeinkosten |
| VwGKZ | Verwaltungsgemeinkostenzuschlagssatz |
| WB | Wertberichtigung |
| Z | Zins |

# Inhaltsverzeichnis

## Grundverständnis



## Buchführung während des Jahres



## Jahresabschluss



## Kaufmännisches Rechnen

# Bilanz und Gewinn- und Verlustrechnung

## Grundsätze ordnungsmäßiger Buchführung (GoB)

Jeder Kaufmann, der zur Buchführung verpflichtet ist, muss sich an die GoB gemäß § 238 Abs. 1 HGB halten: Die Buchführung muss klar und übersichtlich sein. Dazu gehören eine sachgerechte Organisation, eine übersichtliche Gliederung des Jahresabschlusses, ein Verbot, Vermögenswerte und Schulden sowie Aufwendungen und Erträge miteinander zu verrechnen (Bruttoprinzip, Saldierungsverbot), ein Verbot, Buchungen unleserlich zu machen und ein Verbot, Bleistifteintragungen vorzunehmen. Alle Geschäftsvorfälle müssen fortlaufend, vollständig, richtig und zeitgerecht sowie sachlich geordnet gebucht werden. Jeder Buchung muss ein Beleg zugrunde liegen. Die Buchführungsunterlagen müssen ordnungsmäßig aufbewahrt werden.

## Die Bilanz

Ziel der doppelten Buchführung (Doppik) ist die Vermittlung eines Überblicks über die finanzielle Lage eines Unternehmens. Die Bilanz als Gegenüberstellung aller Aktiva und Passiva bildet ihr wichtigstes Element.

Auf der **Aktivseite (Vermögen, Aktiva)** der Bilanz werden alle Vermögenswerte des Unternehmens aufgeführt. Sie wird in Anlage- und Umlaufvermögen gegliedert. Das **Anlagevermögen** besteht aus Werten, die dazu bestimmt sind, dauernd dem Geschäftsbetrieb zu dienen, also beispielsweise Gebäude, Maschinen oder Fahrzeuge. Werte des **Umlaufvermögens** sind alle flüssigen Mittel (Bestand in der Kasse und auf dem Bankkonto) sowie sämtliche Vermögensgegenstände, die verbraucht, veräußert oder nur einmalig genutzt werden. Die Liquidität bestimmt zugleich die Reihenfolge der Aufzählung, d. h. Vermögenswerte, die schneller verflüssigt werden, stehen in der Bilanz weiter unten.

Die **Passivseite (Kapital, Passiva)** der Bilanz zeigt unter anderem die **Schulden** des Unternehmens. Man spricht auch von **Fremdkapital**. Ihre Gliederung erfolgt nach abnehmender Restlaufzeit, d. h. früher fällige Schulden stehen in der Bilanz weiter unten. Der Überschuss des Vermögens über die Schulden wird als **Reinvermögen** oder **Eigenkapital** bezeichnet. Dies entspricht dem Teil des Vermögens, den die Unternehmer ihrem Unternehmen selbst zur Verfügung stellen. Bei einer Aktiengesellschaft besteht das Eigenkapital daher hauptsächlich aus dem Aktienkapital.

Die Bilanz ist definitionsgemäß immer ausgeglichen, d. h. die Summe aller Aktiva entspricht der Summe aller Passiva. Diese Tatsache erklärt auch den italienischen Ursprung des Begriffes Bilanz: „bilancia" bedeutet Waage.

Bereits im hohen Mittelalter führten Kaufleute der norditalienischen Handelsstädte eine Buchhaltung, an deren System sich bis heute nichts geändert hat. Hinter dem System der **doppelten Buchführung** steckt die Überlegung, dass sich jeder Geschäftsvorfall „zweifach" auf die Vermögenslage eines Unternehmens auswirkt. Zahlt man beispielsweise ein Darlehen zurück, verringert sich auf der Aktivseite das Guthaben auf dem Bankkonto und auf der Passivseite vermindern sich die ausgewiesenen Schulden. Um die stets aktuelle Vermögenslage eines Unternehmens darzustellen, müsste man daher nach jedem Geschäftsvorfall eine neue Bilanz aufstellen. Dies wäre natürlich viel zu aufwendig, weshalb man besser für jede einzelne Bilanzposition eine eigene Rechnung, d. h. ein eigenes Konto führt. Erst am Ende einer Periode (z. B. nach einem Jahr) werden dann sämtliche Schlussbestände der Konten wieder zu einer neuen **Schlussbilanz** zusammengefasst.

## Die Bilanzkonten

Jedes Konto hat zwei Seiten. Man kann dies mit einem sogenannten T-Konto darstellen, wobei die linke Seite **Soll** (S) und die rechte Haben (H) genannt wird. Ein Geschäftsvorfall betrifft immer zwei Konten. Zur Aufzeichnung desselben wird der entsprechende Betrag in einem Konto auf der Soll-Seite und gleichzeitig im anderen auf der Haben-Seite eingetragen, d. h. gebucht. Die Summe aller Soll-Buchungen entspricht daher immer der Summe aller Haben-Buchungen. Die Tatsache, dass die Bilanz stets ausgeglichen sein muss, führt zu folgenden **Buchungsregeln**: Zunahmen von Aktivkonten werden stets im Soll, Zunahmen von Passivkonten stets im Haben gebucht. Umgekehrt verhält es sich mit den Abnahmen. Die Rückzahlung eines Bankdarlehens wird daher im Konto „Bankverbindlichkeiten" im Soll und im Konto „Guthaben bei Kreditinstituten" im Haben gebucht. Buchhalter kürzen diesen Vorgang mit einem Buchungssatz ab, wobei immer zuerst das Konto aufgeführt wird, in das der Soll-Eintrag erfolgt und nachher das Konto mit dem Haben-Eintrag. Zwischen den beiden Konten steht das Wörtchen

„an". Der Buchungssatz für den erwähnten Geschäftsvorfall lautet also „Bankverbindlichkeiten an Guthaben bei Kreditinstituten".

Jedes Bilanzkonto hat einen **Anfangs-** sowie einen **Schlussbestand**. Die Anfangsbestände von Aktivkonten stehen im Soll, die der Passivkonten im Haben. Schlussbestände stehen jeweils auf der Gegenseite und gleichen damit das Konto aus (Soll = Haben). Es kann allerdings vorkommen, dass sich Anfangs- und Schlussbestand eines Kontos auf derselben Seite befinden. In diesem Fall wechselt das Konto die Seite in der Bilanz. Ein Bankguthaben (Aktivkonto) kann beispielsweise zu einer Bankschuld (Passivkonto) werden, falls die Bezüge (Abnahmen) von diesem Konto höher sind als die Eingänge (Zunahmen). Man spricht auch von einem „wechselnden Kreditverhältnis".

| S Aktivkonto | H |
|---|---|
| Anfangsbestand | − |
| + | Abnahmen |
| Zunahmen | Schlussbestand |

| S Passivkonto | H |
|---|---|
| − | Anfangsbestand |
| Abnahmen | + |
| Schlussbestand | Zunahmen |

## Typen von Geschäftsvorfällen

Je nachdem, welche Bilanzkonten betroffen sind, unterscheidet man folgende Typen von Geschäftsvorfällen:

Eine **Aktiv-Passiv-Mehrung (Finanzierung)** ist eine Zunahme sowohl in einem Aktivkonto als auch in einem Passivkonto, wodurch die Bilanzsumme (= Summe aller Aktiva resp. Passiva) steigt. Man spricht daher auch von einer Bilanzverlängerung. Eine **Aktiv-Passiv-Minderung (Definanzierung)** bewirkt durch entsprechende Abnahmen das Gegenteil (Bilanzverkürzung). Bei einem **Aktiv- bzw. Passivtausch** handelt es sich um Vermögens- bzw. Kapitalumschichtungen, d.h. Tauschvorgänge auf einer Seite der Bilanz ohne Auswirkung auf die Bilanzsumme.

Sind im Fall eines Aktivtausches ein Konto der Gruppe „Flüssige Mittel" sowie ein Konto des übrigen Vermögens betroffen, spricht man auch von einem **Investitions-bzw. Desinvestitionsvorgang**. Finanzierungsvorgänge zeigen auf der Passivseite, wer dem Unternehmen das Kapital zur Verfügung stellt. Investitionsvorgänge zeigen auf der Aktivseite, wie das Kapital verwendet wird ▶ **Tafel 22**.

| Geschäftsvorfall | Buchungsregel | Beispiel | Bilanzsumme |
|---|---|---|---|
| **Aktiv-Passiv-Mehrung (Finanzierung)** | Aktiva an Passiva | Aufnahme eines langfristigen Darlehens „Guthaben bei Kreditinstituten an Langfristige Bankverbindlichkeiten" | + |
| **Aktiv-Passiv-Minderung (Definanzierung)** | Passiva an Aktiva | Rückzahlung eines langfristigen Darlehens „Langfristige Bankverbindlichkeiten an Guthaben bei Kreditinstituten" | – |
| **Aktivtausch** | Aktiva an Aktiva | Barabhebung vom Bankkonto „Kasse an Guthaben bei Kreditinstituten" | o |
| **• Investition** | Übriges Vermögen an Flüssige Mittel | Kauf einer Maschine „Maschinen an Guthaben bei Kreditinstituten" | o |
| **• Desinvestition** | Flüssige Mittel an Übriges Vermögen | Verkauf einer Maschine „Guthaben bei Kreditinstituten an Maschinen" | o |
| **Passivtausch** | Passiva an Passiva | Umwandlung einer Lieferantenschuld in ein langfristiges Darlehen „Verbindlichkeiten aus Lieferungen und Leistungen an Sonstige Verbindlichkeiten" | o |

Zu beachten gilt es, dass bei keinem der bisher genannten Vorgänge die Höhe des Eigenkapitals verändert wird, d.h. das Reinvermögen des Unternehmens wird nicht betroffen. Eine Ausnahme bildet natürlich die Einzahlung oder die Entnahme von Eigenkapital durch die Unternehmer selbst.

Wie verhält es sich nun aber, wenn das Unternehmen seinen Mitarbeitern Löhne ausbezahlt? In diesem Fall vermindert sich auf der Aktivseite das Vermögen (Flüssige Mittel). Diese Vermögensabnahme geht auf Kosten des Eigenkapitals, d.h. dem Unternehmen werden eigene Mittel entzogen. Denkbar wäre zur Beschreibung des genannten Geschäftsvorfalls daher der Buchungssatz „Eigenkapital an Flüssige Mittel". Umgekehrt wird beispielsweise durch das Erbringen von Dienstleistungen (z.B. Rechtsberatung) das Vermögen des Unternehmens erhöht, was sich auf der Passivseite in einem zunehmenden

Eigenkapital niederschlägt. Denkbar wäre dafür demnach die Buchung „Flüssige Mittel an Eigenkapital".

Es gibt eine Vielzahl weiterer solcher Geschäftsvorfälle, die die Höhe des Eigenkapitals verändern. Vergleicht man nun am Ende einer Periode das Eigenkapital in der Schlussbilanz mit dem ursprünglichen Eigenkapital in der Eröffnungsbilanz, resultiert als Differenz der in dieser Periode erwirtschaftete **Erfolg**. Dabei bedeutet eine Erhöhung des Eigenkapitals einen **Gewinn**, während eine Minderung des Eigenkapitals einen **Verlust** darstellt. Solche Geschäftsvorfälle, die den Erfolg beeinflussen, nennt man daher auch **erfolgswirksam**. In der Buchhaltung ist man aber nicht nur an der Höhe des Erfolgs interessiert, sondern man möchte auch wissen, wie sich dieser zusammensetzt. Daher ist es notwendig, jede Veränderung des Eigenkapitals genauer zu bezeichnen. Zu diesem Zweck werden zwei weitere Kategorien von Geschäftsvorfällen unterschieden: Als **Aufwendungen** bezeichnet man solche Vorgänge, die das Eigenkapital mindern, als **Erträge** diejenigen, die das Eigenkapital erhöhen. Sämtliche erfolgswirksamen Geschäftsvorfälle werden nun anstatt im Konto „Eigenkapital" in separaten **Erfolgskonten** verbucht. Der korrekte Buchungssatz für die Auszahlung von Löhnen lautet folglich „Löhne an Flüssige Mittel", und die Einnahmen aus dem Erbringen von Dienstleistungen werden mit „Flüssige Mittel an Umsatzerlöse für eigene Leistungen" verbucht.

| Geschäftsvorfall | Buchungsregel | Beispiel | Auswirkung in der Bilanz |
|---|---|---|---|
| **Aufwendungen** | Aufwand an Aktiva | Zahlung von Löhnen „Löhne an Flüssige Mittel" | einseitiger Aktivabgang |
| | Aufwand an Passiva | Kauf von Waren auf Kredit „Aufwendungen für Waren an Verbindlichkeiten aus Lieferungen und Leistungen (VLL)" | einseitiger Passivzugang |
| **Erträge** | Aktiva an Ertrag | Erbringung von Dienstleistungen „Flüssige Mittel an Umsatzerlöse für eigene Leistungen" | einseitiger Aktivzugang |
| | Passiva an Ertrag | Verkauf von Waren gegen Verrechnung mit einer Schuld „Verbindlichkeiten aus Lieferungen und Leistungen (VLL) an Umsatzerlöse für Waren" | einseitiger Passivabgang |

## Die Erfolgskonten

Die Buchungsregeln für Erfolgskonten ergeben sich aus den Buchungsregeln für das Eigenkapitalkonto. Da eine Erhöhung des Eigenkapitals im Haben gebucht wird, bucht man auch einen Ertrag im Haben. Eine Abnahme des Eigenkapitals steht im Soll, folglich wird auch ein Aufwand im Soll gebucht. Neben positiven Erträgen bzw. Aufwendungen (Zunahmen) sind auch einige Fälle von Ertrags- bzw. Aufwandsminderungen möglich, die als Abnahme jeweils auf der Gegenseite gebucht werden ▶ **Tafeln 4, 5, 7, 10, 11, 12**. Zu beachten gilt es, dass Erfolgskonten **keinen Anfangsbestand** haben. Die Differenz aller Zunahmen und Abnahmen führt daher auch nicht zu einem Schlussbestand, sondern zu einem sogenannten **Saldo**. Dieser zeigt keinen Bestand, sondern beschreibt eine Ursache für die Veränderung des Eigenkapitals bzw. für den Erfolg.

| S | **Aufwandskonto** H |
|---|---|
| + Aufwendungen | − Aufwandsminderungen |
| | Saldo |

| S | **Ertragskonto** H |
|---|---|
| − Ertragsminderungen | + Erträge |
| Saldo | |

## Die Gewinn- und Verlustrechnung (GuV-Rechnung)

Am Ende der Periode werden die Aufwands- und Ertragskonten saldiert, d.h. die Zunahmen werden mit den Abnahmen verrechnet, und in der **Gewinn- und Verlustrechnung (GuV-Rechnung)** einander gegenübergestellt. Der Überschuss der Erträge über alle Aufwendungen ist der in der Periode erwirtschaftete Gewinn. Übersteigen die Aufwendungen die Erträge, liegt ein Verlust vor. Der Erfolg wird schließlich als Zu- bzw. Abnahme des Eigenkapitals in die Bilanz übertragen. Hierdurch wird die Bilanzgleichung (Aktiva = Passiva) wieder hergestellt ▶ **Tafel 2**.

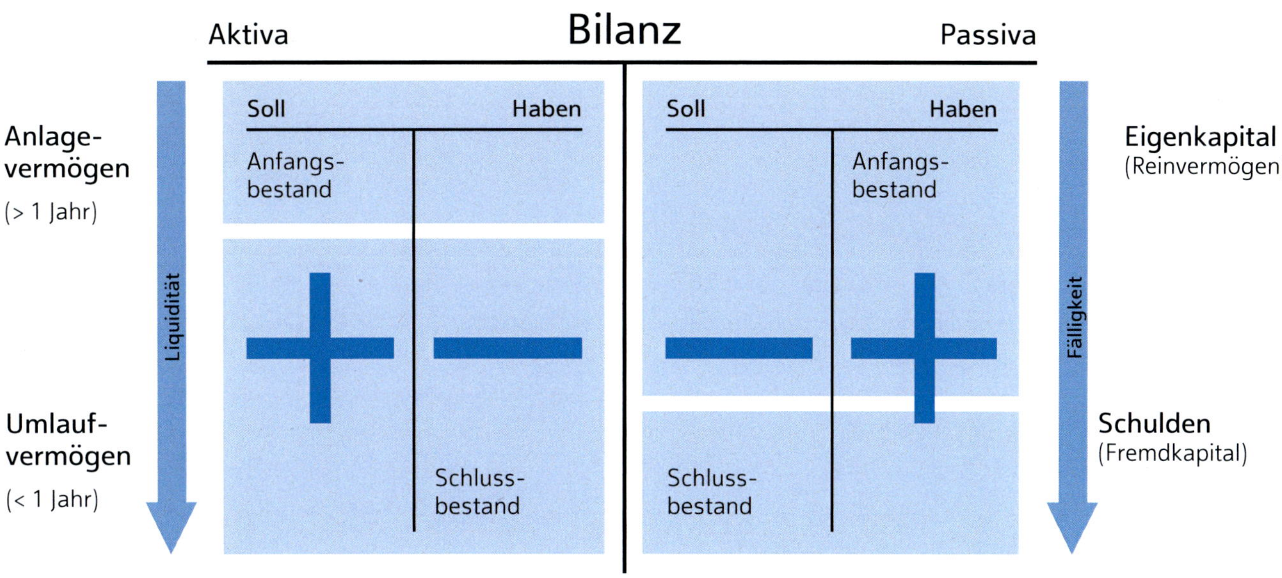


Die Bilanz ist eine **Zeitpunkt-Rechnung**. Sie zeigt das Vermögen und Kapital eines Unternehmens zu einem bestimmten Zeitpunkt (z. B. 31.12.20_1).

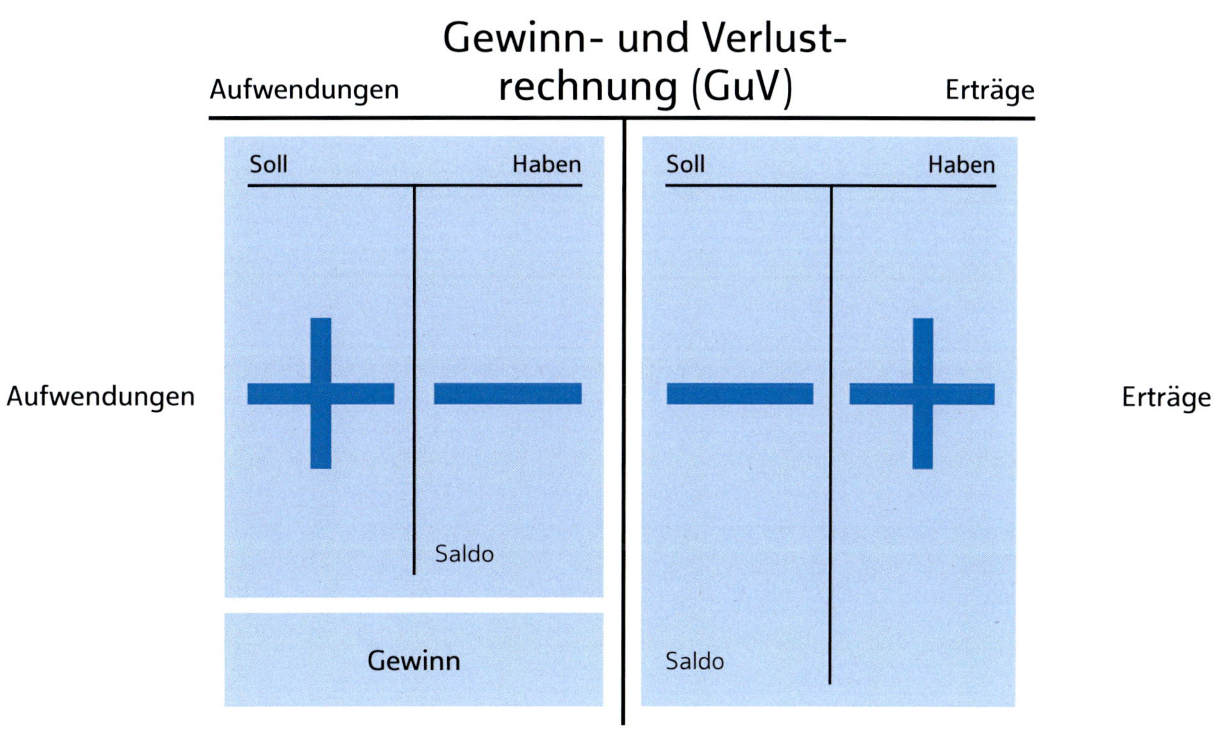


Die Gewinn- und Verlustrechnung (GuV) ist eine **Zeitraum-Rechnung**. Sie zeigt den in einer bestimmten Periode (z. B. 1 Jahr) erwirtschafteten Erfolg als Gegenüberstellung von Aufwendungen und Erträgen. Erfolgskonten haben nie einen Anfangsbestand.

# Das System der doppelten Buchführung

In der Regel entspricht das Kalenderjahr dem Geschäftsjahr des Unternehmens. Es endet mit der Schlussbilanz II (per 31.12.20_0), die der **Eröffnungsbilanz** (per 01.01.20_1) des neuen Jahres entspricht.

Bevor in einer Periode (01.01.20_1 bis 31.12.20_1) mit der Buchhaltung begonnen werden kann, muss zuerst jedes Bilanzkonto **eröffnet** werden, d. h. sämtliche Bestände müssen aus der Eröffnungsbilanz in das entsprechende Konto im Hauptbuch gebucht werden. Im dargestellten Beispiel geschieht dies durch die Buchungen Nr. 1 – 4. Um beispielsweise den Kassenbestand aus der Eröffnungsbilanz in das Kassenkonto zu übertragen, bucht man „Kasse an Eröffnungsbilanz“. Entsprechend werden alle Passivkonten spiegelverkehrt eröffnet, also das Konto Bankverbindlichkeiten beispielsweise mit dem Buchungssatz „Eröffnungsbilanz an Bankverbindlichkeiten“.

Während des Jahres werden alle Geschäftsvorfälle in chronologischer (d. h. zeitlich geordneter) Reihenfolge im **Grundbuch (Journal)** aufgezeichnet (Nr. 5 – 8). Entsprechend dem Buchungssatz werden die Beträge gleichzeitig in die Konten im **Hauptbuch** übertragen. Das Hauptbuch umfasst die Gesamtheit aller für die Verbuchung der Geschäftsvorfälle notwendigen Konten.

In der Praxis werden (meistens in Dateiform) für einige Hauptbuchkonten detaillierte **Nebenbücher** geführt, in denen die entsprechenden Buchungen näher erläutert werden. So ist beispielsweise für das Hauptbuchkonto „Forderungen aus Lieferungen und Leistungen“ in einem Kontokorrentbuch ersichtlich, wie hoch die Forderungen gegenüber den einzelnen Kunden sind.

Am Ende der Periode (31.12.20_1) werden in einem ersten Schritt sämtliche **Erfolgskonten abgeschlossen** (Nr. 9 - 10). Mit dem Buchungssatz „GuV an Gehälter“ wird beispielsweise das Konto „Gehälter“ ausgeglichen (Soll = Haben) und der Saldo in die **Gewinn- und Verlustrechnung** übertragen. Als Differenz zwischen Erträgen und Aufwendungen resultiert der Gewinn.

In analoger Weise könnte man nun auch alle Bilanzkonten abschließen und so als Kontrollrechnung die **Schlussbilanz I** erstellen, in der ebenfalls der Gewinn als Überschuss der Aktiva über die Passiva ersichtlich wäre. Man spricht daher auch von einem **doppelten Erfolgsnachweis**.

Ein Gewinn stellt eine Zunahme des Eigenkapitals dar. Entsprechend erfolgt die **Gewinnverbuchung** grundsätzlich mit dem Buchungssatz „GuV an Eigenkapital“, wodurch die Gewinn- und Verlustrechnung ausgeglichen und der Gewinn dem Eigenkapital zugeschlagen wird. Umgekehrt würde ein Verlust das vorhandene Eigenkapital vermindern ▶ **Tafel 13**.

Im dargestellten Beispiel soll nun aber nur die Hälfte des Gewinns im Unternehmen einbehalten werden (Nr. 11). Die andere Hälfte wird den Eigentümern bar ausbezahlt (Nr. 12). Anstatt den auszuschüttenden Teil zuerst dem Eigenkapital zuzuschlagen und diesem danach wieder zu entnehmen, kann die Gewinnauszahlung auch direkt über die GuV-Rechnung gebucht werden: „GuV / Kasse“.

Erst nach Verbuchung des Erfolgs können alle **Bilanzkonten abgeschlossen** werden, indem die jeweiligen Schlussbestände in die Schlussbilanz II übertragen werden (Nr. 13 –16).

In der Praxis erfolgen die Eröffnungs- und Abschlussbuchungen automatisch mittels Buchhaltungssoftware.
Für die Eröffnungsbuchungen der Bilanzkonten (Nr. 1 – 4) wird dazu das Hilfskonto **„Eröffnungsbilanzkonto“ (EBK)** verwendet. Der Abschluss der Bilanzkonten (Nr. 13 – 16) erfolgt entsprechend über das **„Schlussbilanzkonto“ (SBK)**.
Für den Abschluss der Erfolgskonten (Nr. 9 –10) sowie für die Erfolgsverbuchung (Nr. 11 –12) wird das Hilfskonto **„GuV-Konto“** verwendet.

# Das System der doppelten Buchführung



Schlussbilanz 31.12.20_0

01.01.20_1
**EBK**

| A | | | P |
|---|---|---|---|
| Kasse | 3 | Bankverbindlichkeiten | 5 |
| Geschäftsausstattung | 10 | EK | 8 |

Eröffnung

Ein **Erfolg** (Gewinn oder Verlust) entsteht nur durch Buchungen, die sowohl ein Bilanzkonto als auch ein GuV-Konto betreffen (Nr. 6, 7). Buchungen innerhalb der Bilanz oder der GuV-Rechnung beeinflussen den Erfolg nicht (Nr. 5, 8).

**Ertrag** = Einseitiger Aktivzugang (oder Passivabgang) (Nr. 6)

**Aufwand** = Einseitiger Aktivabgang (oder Passivzugang) (Nr. 7)

## Grundbuch (Journal)

| Nr. | Buchungssatz Soll | Buchungssatz Haben | Text | Betrag in T€ |
|---|---|---|---|---|
| 1 | Kasse | EBK | Eröffnung Kasse | 3 |
| 2 | Geschäftsausstattung | EBK | Eröffnung Geschäftsausstattung | 10 |
| 3 | EBK | Bankverbindlichkeiten | Eröffnung Bankverbindlichkeiten | 5 |
| 4 | EBK | EK | Eröffnung EK | 8 |
| 5 | Geschäftsausstattung | Kasse | Barkauf eines PCs | 2 |
| 6 | Kasse | Umsatzerlöse für eigene Leistungen | Erträge aus Dienstleistungen | 6 |
| 7 | Gehälter | Kasse | Lohnzahlungen bar | 4 |
| 8 | Bankverbindlichkeiten | Kasse | Teilrückzahlung des Darlehens | 1 |
| 9 | GuV-Konto | Gehälter | Abschluss Gehälter | 4 |
| 10 | Umsatzerlöse für eigene Leistungen | GuV-Konto | Abschluss Umsatzerlöse für eigene Leistungen | 6 |
| 11 | GuV-Konto | EK | Einbehaltener Gewinn | 1 |
| 12 | GuV-Konto | Kasse | Ausgeschütteter Gewinn | 1 |
| 13 | SBK | Kasse | Abschluss Kasse | 1 |
| 14 | SBK | Geschäftsausstattung | Abschluss Geschäftsausstattung | 12 |
| 15 | Bankverbindlichkeiten | SBK | Abschluss Bankverbindlichkeiten | 4 |
| 16 | EK | SBK | Abschluss EK | 9 |

Abschluss

31.12.20_1
**SBK II**

| A | | | P |
|---|---|---|---|
| Kasse | 1 | Bankverbindlichkeiten | 4 |
| Geschäftsausstattung | 12 | EK | 9 |

nach Erfolgsverbuchung

Eröffnungsbilanz 01.01.20_2

Verbuchung eines Verlustes

| | | | | |
|---|---|---|---|---|
| | EK | GuV-Konto | Verrechnung mit EK | |

## Hauptbuch

### Bilanzkonten

| S | Kasse | | H |
|---|---|---|---|
| AB | 3 | | 2 |
| | 6 | | 4 |
| | | | 1 |
| | | | 1 |
| | | SB | 1 |
| | 9 | | 9 |

| S | Bankverbindlichkeiten | | H |
|---|---|---|---|
| | 1 | AB | 5 |
| SB | 4 | | |
| | 5 | | 5 |

| S | Geschäftsausstattung | | H |
|---|---|---|---|
| AB | 10 | SB | 12 |
| | 2 | | |
| | 12 | | 12 |

| S | EK | | H |
|---|---|---|---|
| SB | 9 | AB | 8 |
| | | | 1 |
| | 9 | | 9 |

### Erfolgskonten

| S | Gehälter | | H |
|---|---|---|---|
| | 4 | Sa. | 4 |

| S | Umsatzerlöse für eigene Leistungen | | H |
|---|---|---|---|
| Sa. | 6 | | 6 |

Abschluss

01.01.20_1 – 31.12.20_1
**GuV**

| AU | | | E |
|---|---|---|---|
| Gehälter | 4 | Umsatzerlöse für eigene Leistungen | 6 |
| Gewinn | 2 | | |

Gewinnverbuchung

31.12.20_1
**SBK I**

| A | | | P |
|---|---|---|---|
| Kasse | 2 | Bankverbindlichkeiten | 4 |
| Geschäftsausstattung | 12 | EK | 8 |
| | | Gewinn | 2 |

vor Erfolgsverbuchung

Doppelter Erfolgsnachweis

Die **GuV-Rechnung** zeigt die Veränderung des **Eigenkapitals**.

# Kontenrahmen

Unter einem Kontenrahmen versteht man die für eine ganze Branche gültige Musterordnung der Konten. Da es in den verschiedenen Wirtschaftsbereichen unterschiedliche buchhalterische Besonderheiten gibt, sind von den einzelnen Wirtschaftsverbänden speziell zugeschnittene Kontenrahmen geschaffen worden. Auf der Tafel wird der **„Industriekontenrahmen (IKR)"** vereinfacht dargestellt.

Der Kontenrahmen dient als Vorlage für den **Kontenplan** des einzelnen Unternehmens. Dieser stellt das übersichtlich gegliederte und systematisch geordnete Verzeichnis aller verwendeten Konten dar.

Der Kontenrahmen sieht zwei Rechnungskreise vor, zwischen denen ein ständiger Datenaustausch besteht. Der **Rechnungskreis I** umfasst mit den Kontenklassen 0 bis 8 die **Finanzbuchführung**, die durch handelsrechtliche und steuerrechtliche Vorschriften geprägt ist. Die Konten sind nach dem Abschlussgliederungsprinzip gemäß § 266 HGB (Bilanz) und § 275 HGB (GuV) angeordnet. Der **Rechnungskreis II** beinhaltet mit der Kontenklasse 9 die **Kosten- und Leistungsrechnung (KLR)**. Die KLR ist auf betriebswirtschaftliche Anforderungen ausgerichtet, weshalb sich jedes Unternehmen dieses Abrechnungssystem nach seinen individuellen Bedürfnissen aufbaut. In der Praxis erfolgt die Erfassung von Kosten und Leistungen nicht kontenmäßig, sondern tabellarisch in Ereignistabellen ▶ **Tafel 18**.

Die Kontenklassen 0 bis 2 beinhalten die **Aktivkonten** der Bilanz, die sich in 0 „Immaterielle Vermögensgegenstände und Sachanlagen", 1 „Finanzanlagen" sowie 2 „Umlaufvermögen und aktive Rechnungsabgrenzung" unterteilen. Die **Passivkonten** der Klassen 3 und 4 gliedern sich in 3 „Eigenkapital und Rückstellungen" sowie 4 „Verbindlichkeiten und passive Rechnungsabgrenzung".

Sämtliche Erträge werden in der Kontenklasse 5 verbucht. Ihnen stehen die **Aufwendungen** gegenüber: 6 „Betriebliche Aufwendungen" und 7 „Weitere Aufwendungen".

Die Kontenklasse 8 enthält die zur Eröffnung und zum Abschluss notwendigen Konten.

Der Kontenrahmen ist nach dem Dezimalsystem aufgebaut. Jede **Kontenklasse** (z. B. 6 „Betriebliche Aufwendungen") wird zunächst in **Kontengruppen** (z. B. 60 „Aufwendungen für Roh-, Hilfs- und Betriebsstoffe und für bezogene Waren") eingeteilt. Jede Kontengruppe kann wiederum bis zu 10 **Kontenarten** (z. B. 606 „Aufwendungen für Waren") aufnehmen. Letztere können im Bedarfsfall in weitere **Kontenunterarten** aufgeteilt werden. So werden beispielsweise für den Wareneinkauf in der Regel neben dem Konto 6060 „Aufwendungen für Waren" zusätzliche Konten für die separate Erfassung von Bezugskosten (6061) und Nachlässen (6062) geführt ▶ **Tafel 5**.

# Kontenrahmen

## Bilanz

**A**

| | |
|---|---|
| **0** | **Immaterielle Vermögensgegenstände und Sachanlagen** |
| 00 | Ausstehende Einlagen |
| 02 | Konzessionen und Lizenzen |
| 03 | Geschäfts- oder Firmenwert |
| 05 | Grundstücke und Gebäude |
| 07 | Technische Anlagen und Maschinen |
| 08 | Betriebs- und Geschäftsausstattung (BGA) |
| 09 | Geleistete Anzahlungen und Anlagen im Bau |
| **1** | **Finanzanlagen** |
| 13 | Beteiligungen |
| 15 | Wertpapiere des Anlagevermögens |
| 16 | Sonstige Finanzanlagen |
| **2** | **Umlaufvermögen und aktive Rechnungsabgrenzung** |
| 20 | Roh-, Hilfs- und Betriebsstoffe |
| 21 | Unfertige Erzeugnisse, unfertige Leistungen |
| 22 | Fertige Erzeugnisse und Waren |
| 23 | Geleistete Anzahlungen |
| 24 | Forderungen aus Lieferungen und Leistungen |
| 26 | Sonstige Vermögensgegenstände |
| 27 | Wertpapiere des Umlaufvermögens |
| 28 | Flüssige Mittel |
| 29 | Aktive Rechnungsabgrenzung und ggf. Bilanzfehlbetrag |

**P**

| | |
|---|---|
| **3** | **Eigenkapital und Rückstellungen** |
| 30 | Eigenkapital bei Einzelkaufleuten |
| 30 | Eigenkapital bei Personengesellschaften |
| 30 | Eigenkapital bei Kapitalgesellschaften |
| 31 | Kapitalrücklagen |
| 32 | Gewinnrücklagen |
| 33 | Ergebnisverwendung |
| 34 | Jahresüberschuss / Jahresfehlbetrag |
| 37–39 | Rückstellungen |
| **4** | **Verbindlichkeiten und passive Rechnungsabgrenzung** |
| 41 | Anleihen |
| 42 | Verbindlichkeiten gegenüber Kreditinstituten |
| 43 | Erhaltene Anzahlungen |
| 44 | Verbindlichkeiten aus Lieferungen und Leistungen |
| 48 | Sonstige Verbindlichkeiten |
| 49 | Passive Rechnungsabgrenzung |

## GuV

**AU**

| | |
|---|---|
| **6** | **Betriebliche Aufwendungen** |
| 60 | Aufwendungen für Roh-, Hilfs- und Betriebsstoffe und für bezogene Waren |
| 61 | Aufwendungen für bezogene Leistungen |
| 62 | Löhne |
| 63 | Gehälter |
| 64 | Soziale Aufwendungen |
| 65 | Abschreibungen |
| 66 | Sonstige Personalaufwendungen |
| 67 | Aufwendungen für die Inanspruchnahme von Rechten und Diensten |
| 68 | Aufwendungen für Kommunikation (Dokumentation, Information, Reisen, Werbung) |
| 69 | Aufwendungen für Beiträge und Sonstiges sowie Wertkorrekturen und periodenfremde Aufwendungen |
| **7** | **Weitere Aufwendungen** |
| 70 | Betriebliche Steuern |
| 74 | Abschreibungen auf Finanzanlagen und Aufwendungen aus dem Abgang von Gegenständen des Umlaufvermögens |
| 75 | Zinsen und ähnliche Aufwendungen |
| 77 | Steuern vom Einkommen und Ertrag |

**E**

| | |
|---|---|
| **5** | **Erträge** |
| 50 | Umsatzerlöse für eigene Erzeugnisse und andere eigene Leistungen |
| 51 | Umsatzerlöse für Waren und sonstige |
| 52 | Erhöhung oder Verminderung des Bestandes an unfertigen und fertigen Erzeugnissen |
| 53 | Andere aktivierte Eigenleistungen |
| 54 | Sonstige betriebliche Erträge |
| 55 | Erträge aus Beteiligungen |
| 56 | Erträge aus anderen Wertpapieren und Ausleihungen des Finanzanlagevermögens |
| 57 | Sonstige Zinsen und ähnliche Erträge |

| | |
|---|---|
| **8** | **Ergebnisrechnungen** |
| 80 | Eröffnung / Abschluss |
| 81 | Konten der Kostenbereiche für die GuV im Umsatzkostenverfahren |
| 85 | Konten der kurzfristigen Erfolgsrechnung (KER) für innerjährige Rechnungsperioden (Monat, Quartal oder Halbjahr) |

**Industriekontenrahmen (IKR) (gekürzt und vereinfacht)**
Die Darstellung umfasst die Kontengruppen der Finanzbuchhaltung (Klassen 0 bis 8). Die Kosten- und Leistungsrechnung (KLR) (Klasse 9) wird in der Praxis gewöhnlich tabellarisch durchgeführt.

# Forderungen und Verbindlichkeiten aus Lieferungen und Leistungen

Als **Forderungen aus Lieferungen und Leistungen** (**FLL, Debitoren**) bezeichnet man Guthaben gegenüber Kunden. Sie entstehen aus Verkäufen, die nicht sofort in bar entschädigt werden.

**Verbindlichkeiten aus Lieferungen und Leistungen** (**VLL, Kreditoren**) sind Schulden bei Lieferanten, die aus Käufen entstehen, die vom Unternehmen nicht sofort bar bezahlt werden.

## Gewöhnliche Buchhaltung

Üblicherweise wird jeder Rechnungsausgang (100,00 €) erfolgswirksam als Zunahme der „Forderungen aus Lieferungen und Leistungen" verbucht: „FLL an Umsatzerlöse für Waren". Rücknahmen von Kunden (z. B. aufgrund falsch gelieferter oder mangelhafter Waren) und andere Erlösminderungen (z. B. Kundenskonti, nachträgliche Rabatte, Boni) verringern das Guthaben gegenüber den Kunden und vermindern den Ertrag: „Umsatzerlöse für Waren an FLL" (15,00 €) ▶ **Tafel 5**. Den Zahlungseingang (80,00 €) bucht man als Aktivtausch mit „Flüssige Mittel an FLL". Die Buchungen für die „Verbindlichkeiten aus Lieferungen und Leistungen" (VLL) verhalten sich spiegelverkehrt.

## Offene-Posten-Buchhaltung

Vor allem in kleineren Unternehmen wird für den Kreditverkehr mit Kunden und Lieferanten das System der Offene-Posten-Buchhaltung verwendet. Anstelle von „FLL"- und „VLL"-Einzelkonten werden je zwei Ordner geführt. In den ersten Ordner legt man alle offenen (unbezahlten) Rechnungen. Sobald diese beglichen werden, kommen die entsprechenden Belege in den zweiten Ordner mit bezahlten Rechnungen.

Dieses System hat den Vorteil, dass viel weniger Buchungen anfallen. Abzüge für Rücknahmen und andere Erlösminderungen werden nicht verbucht, sondern nur auf den Belegen im Ordner mit den offenen Rechnungen gekennzeichnet. Erst bei der Zahlung (80,00 €) eines Kunden erfolgt die erste Buchung, wobei der Verkauf in diesem Fall wie ein Bargeschäft behandelt wird: „Flüssige Mittel an Umsatzerlöse für Waren".

Am Ende des Jahres vergleicht man den Schlussbestand der offenen Rechnungen mit dem Anfangsbestand der „FLL". Eine Zunahme des Bestandes (5,00 €) wird mit der Korrekturbuchung „FLL an Umsatzerlöse für Waren" berücksichtigt. Das Konto „FLL" ist in der Offenen-Posten-Buchhaltung folglich ein „ruhendes Konto", d. h. es wird während der Periode nicht gebucht.

Die Buchungen für die „Verbindlichkeiten aus Lieferungen und Leistungen" (VLL) verhalten sich spiegelverkehrt.

# Forderungen und Verbindlichkeiten aus Lieferungen und Leistungen

Tafel 4

## Gewöhnliche Buchhaltung

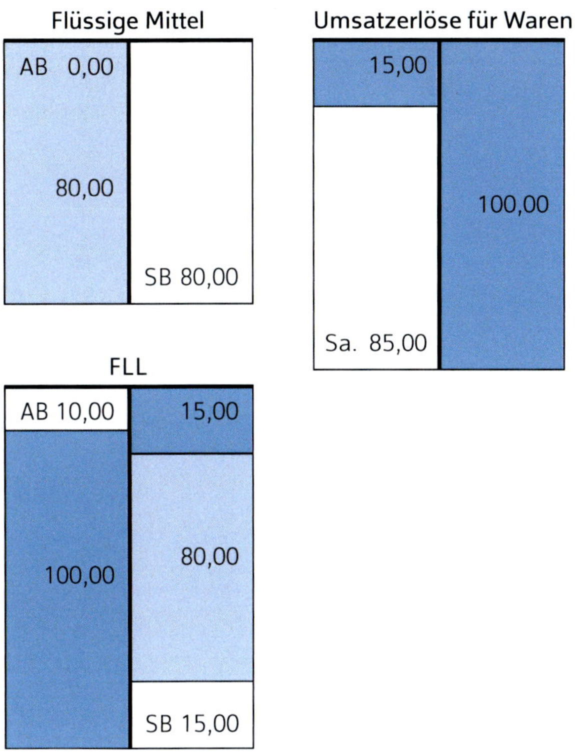


*Rechnungen*

FLL an Umsatzerlöse für Waren 100,00

*Rücknahmen und Erlösminderungen*

Umsatzerlöse für Waren an FLL 15,00

*Zahlungen*

Flüssige Mittel an FLL 80,00

## Offene-Posten-Buchhaltung

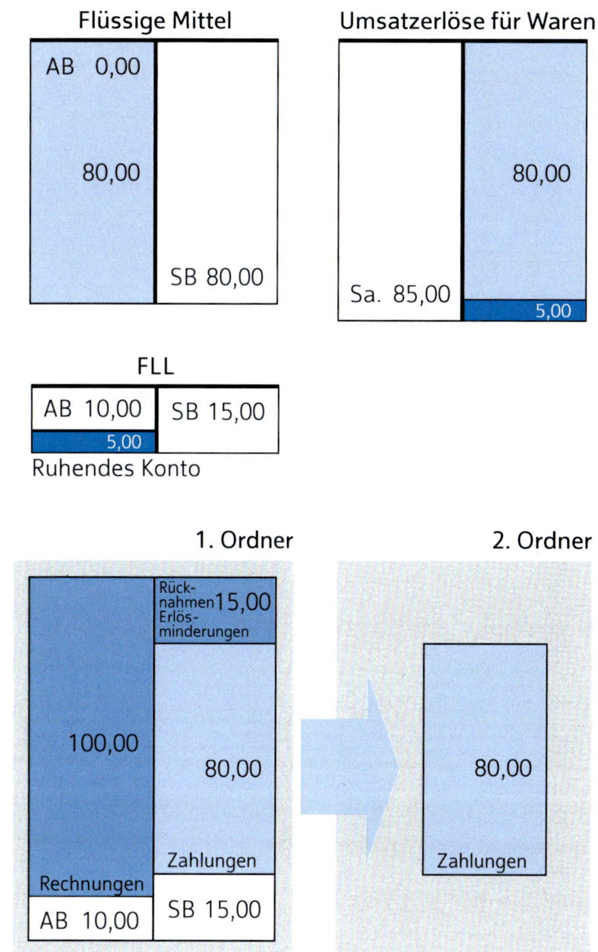


Offene Rechnungen

Bezahlte Rechnungen

*Zahlungen*

Flüssige Mittel an Umsatzerlöse für Waren 80,00

*Bestandszunahme (Jahresabschluss)*

FLL an Umsatzerlöse für Waren 5,00

*Bestandsabnahme (Jahresabschluss)*

Umsatzerlöse für Waren an FLL

FLL

---

VLL

## Gewöhnliche Buchhaltung

*Rechnungen*

Aufwendungen für Waren an VLL

*Rücksendungen und Nachlässe*

VLL an Aufwendungen für Waren

*Zahlungen*

VLL an Flüssige Mittel

## Offene-Posten-Buchhaltung

*Zahlungen*

Aufwendungen für Waren an Flüssige Mittel

*Bestandszunahme (Jahresabschluss)*

Aufwendungen für Waren an VLL

*Bestandsabnahme (Jahresabschluss)*

VLL an Aufwendungen für Waren

# Besonderheiten im Handelsunternehmen

## Handelskalkulation

Das auf der Tafel dargestellte Kalkulationsschema zeigt die Rechenschritte vom Listeneinkaufspreis bis zum Listenverkaufspreis.

Weil das Handelsunternehmen Waren zu einem niedrigeren Preis einkauft, als es sie weiterveräußert, wird der Warenverkehr erfolgswirksam über Aufwands- bzw. Ertragskonten gebucht. Als Differenz zwischen **Bezugspreis (Einstandspreis)** (5,00 €) und **Barverkaufspreis (Nettoerlös)** (7,50 €) resultiert der „Stückrohgewinn" („Bruttogewinn") (2,50 €) ▶ **Tafel 19**.

## Einkauf und Verkauf von Waren

**Einkäufe** werden über das Konto **„Aufwendungen für Waren"** verbucht. Lieferantenrabatte (Sofortrabatte), die bereits auf der Rechnung ausgewiesen sind, werden nicht gesondert gebucht. Rücksendungen (z.B. aufgrund falsch gelieferter oder mangelhafter Waren) bewirken Gutschriften der Lieferanten, die auf demselben Konto als Korrektur- oder Stornobuchung erfasst werden.

Verpackungs- und Frachtkosten werden als **„Bezugskosten"** separat über ein entsprechendes Unterkonto gebucht. Ein separates Unterkonto wird ebenfalls für nachträglich gewährte **„Nachlässe"** geführt. Darüber werden Preisnachlässe der Lieferanten aufgrund von Minderungen oder nachträglich gewährte Umsatzrückvergütungen (Boni) abgerechnet. Zum Abschluss des Geschäftsjahres werden die Unterkonten über das übergeordnete Konto abgeschlossen: „Aufwendungen für Waren an Bezugskosten" sowie „Nachlässe an Aufwendungen für Waren".

**Verkäufe** bucht man als **„Umsatzerlöse für Waren"**. Direkt abziehbare Kundenrabatte (Sofortrabatte) und den Kunden weiterverrechnete Transport- und Frachtkosten werden nicht gesondert gebucht. Diese Positionen sind Bestandteile der Rechnungen an die Kunden. Rücknahmen (z.B. aufgrund falsch gelieferter oder mangelhafter Waren) verursachen eine Rückbuchung (Stornierung) der ursprünglich gebuchten Umsatzerlöse.

Kundenskonti für vorzeitige Zahlungen stellen eine nachträgliche Minderung der Umsatzerlöse dar. Analog verhält es sich mit Kundengutschriften bei mangelhafter Lieferung und Umsatzrückvergütungen (Boni) an Kunden. Die entsprechenden Korrekturbuchungen werden über das Unterkonto **„Erlösberichtigungen"** gebucht, das im Rahmen der vorbereitenden Abschlussarbeiten über das Konto „Umsatzerlöse für Waren" abgeschlossen wird: „Umsatzerlöse für Waren an Erlösberichtigungen".

Provisionen für Handelsvertreter werden über das separate Aufwandkonto **„Vertriebsprovisionen"** verbucht.

## Bestandsveränderungen des Warenlagers

In der Regel werden nicht gleich viele Waren eingekauft (1 000 Stück) wie verkauft (800 Stück). Die Differenz besteht in einer Änderung des „Warenbestands". Im dargestellten Beispiel werden demnach 200 Stück neu ins Lager gelegt („Lagerzunahme").

In der GuV-Rechnung muss aber der Ertrag für 800 Stück einem Aufwand für dieselbe Menge gegenübergestellt werden. Daher ist im Rahmen der vorbereitenden Abschlussbuchungen im vorliegenden Beispiel der zu hohe Aufwand von 5 000,00 € (**Wareneinkauf**) zu korrigieren. Die Korrekturbuchung für 200 Stück lautet „Warenbestand an Aufwendungen für Waren".

Als Saldo im Konto „Aufwendungen für Waren" resultiert somit der Einstandswert der verkauften Ware. Man spricht auch von **Wareneinsatz** (4 000,00 €).

Der Saldo des Kontos „Umsatzerlöse für Waren" entspricht dem **Nettoerlös** (6 000,00 €) der verkauften Ware.

Die Differenz zwischen dem Nettoerlös und dem Wareneinsatz ergibt des **Rohergebnis** (Bruttoergebnis), im dargestellten Beispiel einen Rohgewinn (2 000,00 €).

## Handelskalkulation

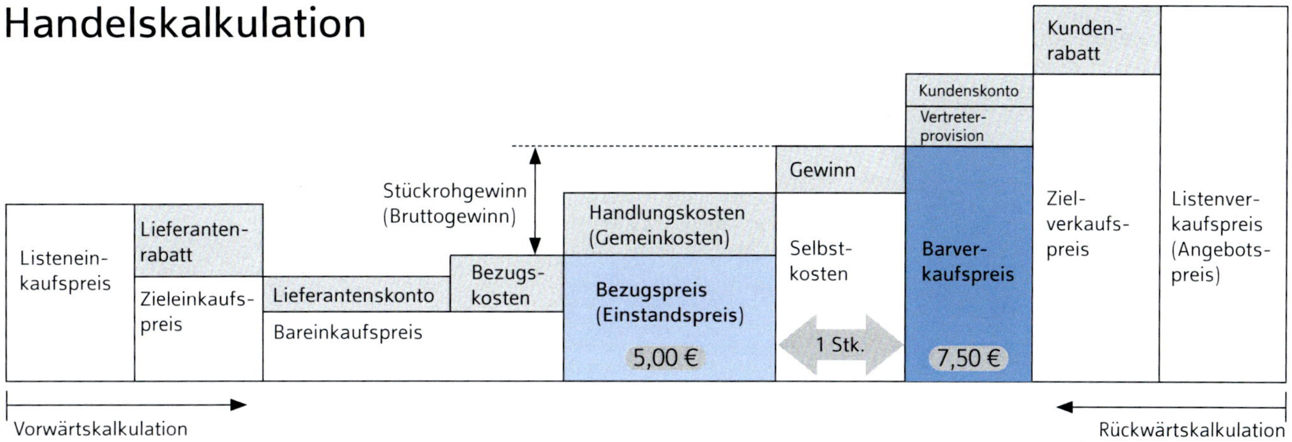


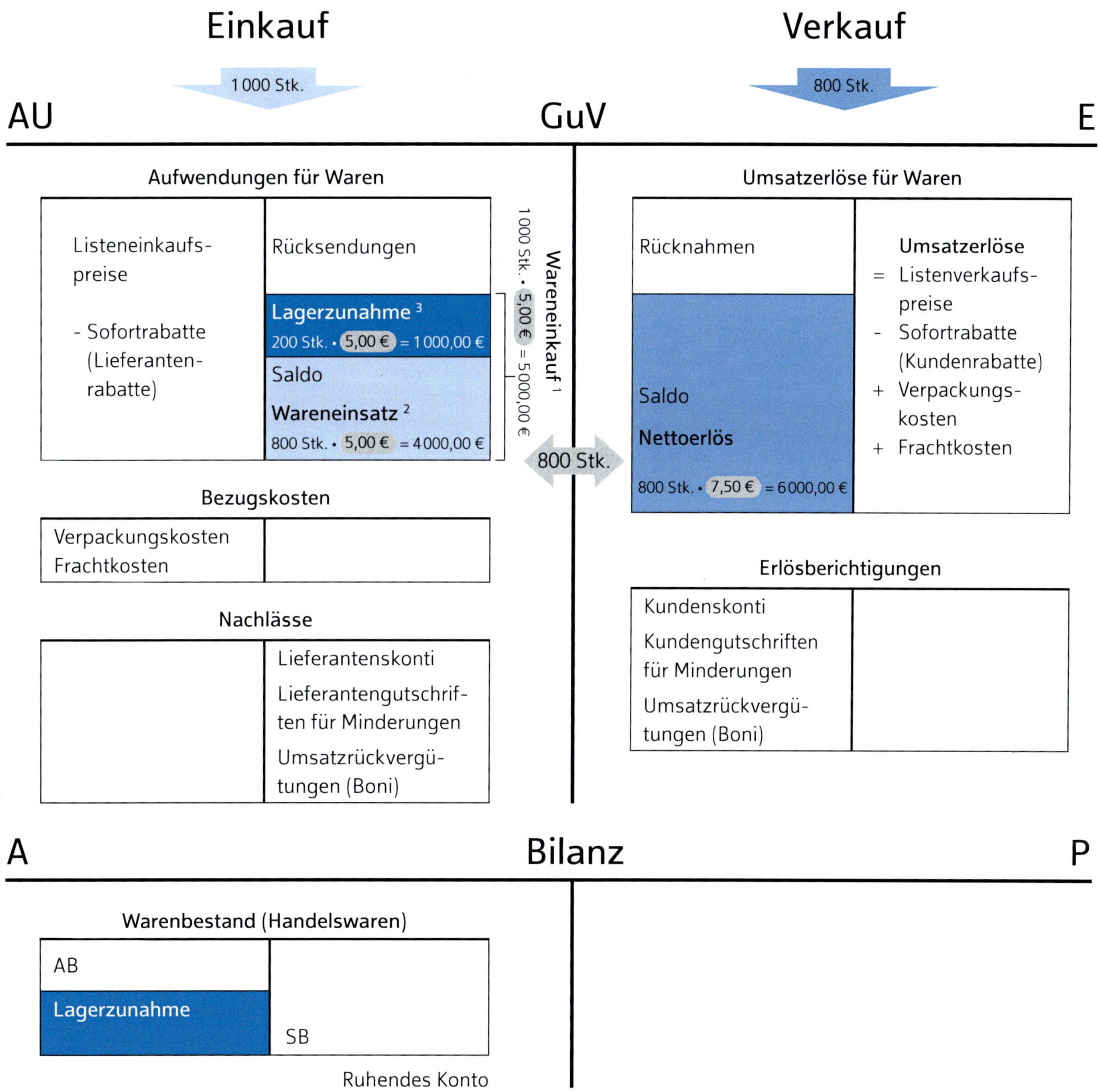


*Lagerzunahme*

Warenbestand an Aufwendungen für Waren 1 000,00 €

*Lagerabnahme*

Aufwendungen für Waren an Warenbestand

[1] Wareneinkauf = Einstandswert der eingekauften Ware
[2] Wareneinsatz = Einstandswert der verkauften Ware
[3] Lagerzunahme = Aufwandsminderung

# Besonderheiten im Industrieunternehmen

## Einkauf und Verkauf

Der **Einkauf** im Industrieunternehmen (88 T€) wird wie im Handelsunternehmen (▶ **Tafel 5**) in der Kontengruppe 60 („Aufwendungen für Roh-, Hilfs- und Betriebsstoffe und für bezogene Waren") verbucht. Für Rücksendungen (2 T€), Nachlässe (3 T€) und Bezugskosten (7 T€) gelten dieselben Buchungsregeln wir für den Wareneinkauf.

Die Verbuchung des **Verkaufs** erfolgt in der Kontengruppe 50 („Umsatzerlöse für eigene Erzeugnisse und andere eigene Leistungen"). Es bestehen die analogen Konten und es gelten dieselben Buchungsregeln wie für den Warenverkauf in der Kontengruppe 51.

Im dargestellten Beispiel werden (im Gegensatz zum Beispiel auf der Tafel 5) für die Bezugskosten, Nachlässe und Erlösberichtigungen keine separaten Unterkonten geführt.

## Verbrauch von Rohstoffen

Wie der Warenbestand (▶ **Tafel 5**) muss auch der Bestand des Kontos „Rohstoffe" im Zuge der vorbereitenden Abschlussbuchungen auf den tatsächlichen Wert laut Inventur korrigiert werden. Im dargestellten Beispiel ist der Schlussbestand um 10 T€ höher als der Anfangsbestand (Bestandsmehrung), d.h. im Geschäftsjahr wurden weniger Rohstoffe verbraucht als eingekauft. Der Buchungssatz für die entsprechende Aufwandsminderung lautet: „Rohstoffe an Aufwendungen für Rohstoffe" (10 T€).

Als Saldo im Konto „Aufwendungen für Rohstoffe" resultiert somit der **Rohstoffverbrauch** der Periode (80 T€).

## Bestandsveränderungen fertiger und unfertiger Erzeugnisse

Auch für die unfertigen und fertigen Erzeugnisse resultiert per Ende der Periode in der Regel eine Bestandsveränderung.

Im dargestellten Beispiel reduzierte sich gegenüber dem Anfang der Periode der Bestand an **fertigen Erzeugnissen** um 300 T€, d.h. das Unternehmen hat nicht nur alle im Abrechnungszeitraum hergestellten Erzeugnisse verkauft, sondern darüber hinaus noch einen Teil des Lagerbestandes. Dem Nettoerlös aus den verkauften Erzeugnissen (600 T€) stünde in diesem Fall in der GuV-Rechnung nur der Rohstoffverbrauch der hergestellten Erzeugnisse (80 T€) gegenüber, nicht aber die in der vorangegangenen Periode angefallenen Aufwendungen für die vom Lager verkauften Produkte. Daher muss die **Bestandsminderung** an fertigen Erzeugnissen erfolgswirksam als zusätzlicher **Aufwand** verbucht werden. Hierzu wird das Erfolgskonto „Bestandsänderungen" verwendet: „Bestandsveränderungen an fertigen Erzeugnissen an Fertige Erzeugnisse" (300 T€).

Bei den unfertigen Erzeugnissen verhält es sich im Beispiel genau umgekehrt, hier hat sich in der Abrechnungsperiode der Bestand um 100 T€ erhöht. Die **Bestandsmehrung** muss folglich erfolgswirksam aktiviert werden, denn es handelt sich dabei um einen **Ertrag**, der durch den Vermögenszuwachs in Form von unfertigen Erzeugnissen entstanden ist: „Unfertige Erzeugnisse an Bestandsveränderungen an unfertigen Erzeugnissen".

Nach der Verbuchung der Bestandsveränderungen wird in der GuV-Rechnung dem Rohstoffaufwand von 80 ein Ertrag von 400 T€ (= 600 T€ + 100 T€ – 300 T€) gegenübergestellt, was einen **Rohgewinn (Bruttogewinn)** von 320 T€ ergibt.

# Besonderheiten im Industrieunternehmen Tafel 6

## AU — GuV — E

### Aufwendungen für Rohstoffe

| Soll | | Haben | |
|---|---|---|---|
| Einkäufe | 88 | Rücksendungen | 2 |
| | | Nachlässe | 3 |
| | | Bestandsmehrung | 10 |
| | | **Rohstoffverbrauch (Rohstoffaufwand)** | |
| Bezugskosten | 7 | Saldo | 80 |

### Umsatzerlöse für eigene Erzeugnisse

| Soll | | Haben | |
|---|---|---|---|
| Rücknahmen | | Umsatzerlöse | 650 |
| Erlösberichtigungen | 50 | | |
| **Nettoerlös** | | | |
| Saldo | 600 | | |

### Bestandsveränderungen an unfertigen Erzeugnissen

| Soll | | Haben | |
|---|---|---|---|
| Saldo | 100 | Bestandsmehrung | 100 |

### Bestandsveränderungen an fertigen Erzeugnissen

| Soll | | Haben | |
|---|---|---|---|
| Bestandsminderung | 300 | Saldo | 300 |

## A — Bilanz — P

### Rohstoffe

| Soll | | Haben | |
|---|---|---|---|
| AB | 60 | | |
| Bestandsmehrung | 10 | SB | 70 |

### Unfertige Erzeugnisse

| Soll | | Haben | |
|---|---|---|---|
| AB | 200 | | |
| Bestandsmehrung | 100 | SB | 300 |

### Fertige Erzeugnisse

| Soll | | Haben | |
|---|---|---|---|
| AB | 500 | Bestandsminderung | 300 |
| | | SB | 200 |

*Bestandsmehrung der Rohstoffe*

Rohstoffe an Aufwendungen für Rohstoffe 10 T€

*Bestandsmehrung der unfertigen Erzeugnisse = Ertrag*

Unfertige Erzeugnisse an Bestandsveränderungen an unfertigen Erzeugnissen 100 T€

*Bestandsminderung der fertigen Erzeugnisse = Aufwand*

Bestandsveränderungen an fertigen Erzeugnissen an Fertige Erzeugnisse 300 T€

# Umsatzsteuer

## Berechnung

Die Umsatzsteuer ist eine der wichtigsten Einnahmequellen des Bundes. Umgangssprachlich wird sie auch Mehrwertsteuer (MwSt.) genannt, weil nur der vom Unternehmen geschaffene **Mehrwert (Wertschöpfung)** versteuert wird. Im dargestellten vereinfachten Beispiel eines Handelsunternehmens besteht der Mehrwert (2000,00 €) aus der Differenz zwischen „Umsatzerlöse für Waren" (6000,00 €) und „Aufwendungen für Waren" (4000,00 €). Bei Anwendung des **Regelsteuersatzes** von **19 %** wird demnach eine Steuer von 380,00 € (2000,00 € · 19 %) geschuldet. In der Praxis wird zusätzlich auch die Beschaffung von Maschinen, Mobiliar und dergleichen als Vorleistung in Abzug gebracht.

Buchhalterisch errechnet sich der Betrag von 380,00 €, indem man die separat berechnete **Umsatzsteuer** (geschuldete USt.) von allen Verkäufen (1 140,00 €) und die **Vorsteuer** (absetzbare VSt.) von allen Einkäufen (760,00 €) am Ende der Periode miteinander verrechnet. Die an das Finanzamt zu zahlende Restschuld (380,00 €) wird als **Umsatzsteuerzahllast** bezeichnet.

Die Höhe des Umsatzes bemisst sich nach dem **vereinbarten Entgelt** (= Bemessungsgrundlage), also aufgrund des Bestandes im Konto „Forderungen aus Lieferungen und Leistungen (FLL)" ▶ **Tafel 4**.

Für Güter und Dienstleistungen des täglichen Bedarfs (insbesondere Nahrungsmittel, Medikamente, Zeitungen, Bücher, Pflanzen usw.) gilt ein **ermäßigter Satz** von **7 %**. **Steuerfrei** sind Exporte sowie einige weitere Ausnahmen, insbesondere die Vermietung und Verpachtung von Grundstücken, Zinsen auf Kredite, Versicherungsprämien, Umsätze von Ärzten, Heilpraktikern und Krankengymnasten, Postwertzeichen und diverse öffentliche Einrichtungen (z. B. Theater, Museen, Büchereien).

Zu beachten ist, dass neben Lieferungen von Gütern und Dienstleistungen an Dritte auch deren Eigenverbrauch umsatzsteuerpflichtig ist.

## Verbuchung

Bei der Verbuchung nach der **Netto-Methode** wird gleichzeitig mit jedem Kauf bzw. Verkauf die entsprechende Umsatzsteuer (19 %) gebucht. In den Konten „Aufwendungen für Waren" bzw. „Umsatzerlöse für Waren" erscheint nur der Nettobetrag der Rechnung (100 %).

Bei der **Brutto-Methode** wird während des Jahres der Brutto-Rechnungsbetrag (119 %) in den Konten „Aufwendungen für Waren" bzw. „Umsatzerlöse für Waren" gebucht. Erst am Ende der Periode wird daraus die Umsatzsteuer (19 %) berechnet. Dies führt gegenüber der Netto-Methode während der Periode zu deutlich weniger Buchungen.

# Umsatzsteuer

## Netto-Verbuchung

### Vorsteuer

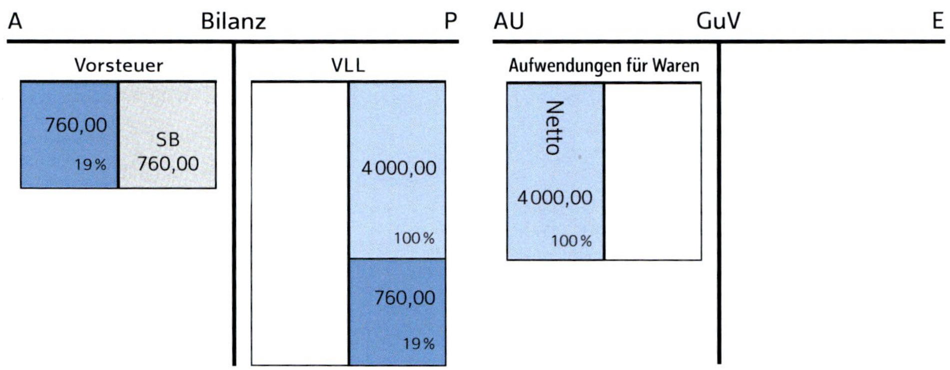


*Käufe*

Aufwendungen für Waren an VLL 4 000,00 €

*Vorsteuer*

Vorsteuer an VLL 760,00 €

**Ende der Periode**

Verrechnung Vorsteuer mit Umsatzsteuer

Umsatzsteuer an Vorsteuer 760,00 €

### Umsatzsteuer

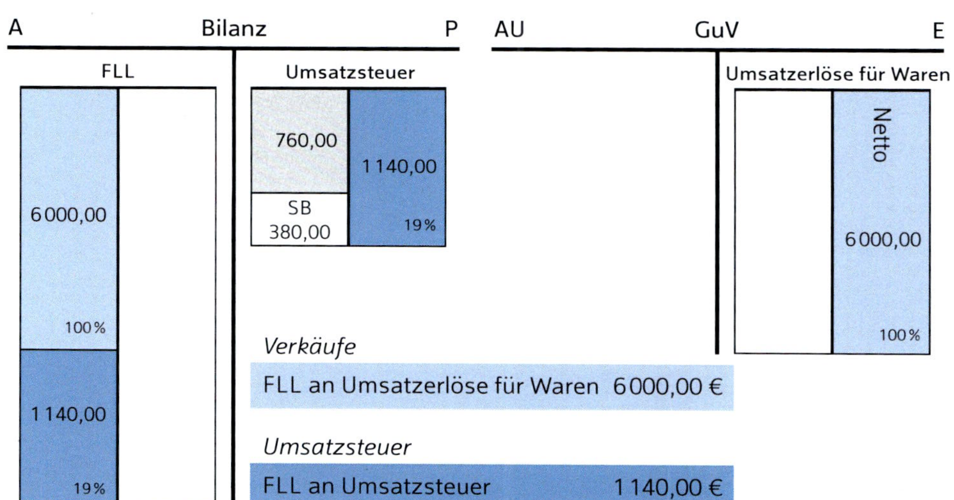


*Verkäufe*

FLL an Umsatzerlöse für Waren 6 000,00 €

*Umsatzsteuer*

FLL an Umsatzsteuer 1 140,00 €

## Brutto-Verbuchung

### Vorsteuer

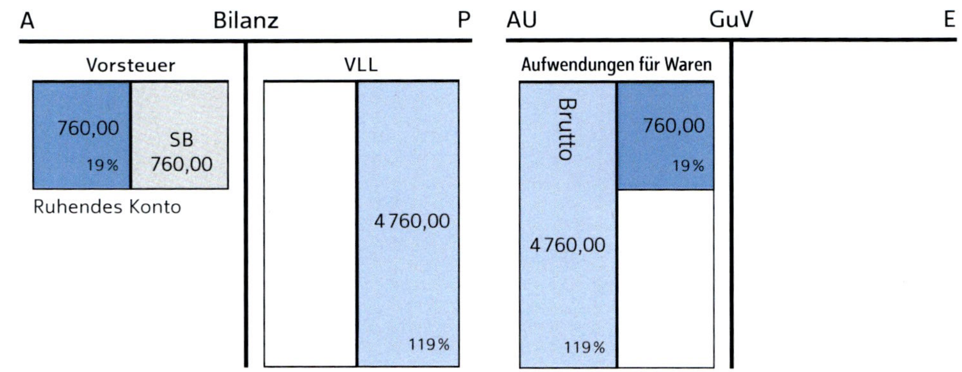


*Käufe*

Aufwendungen für Waren an VLL 4 760,00 €

*Vorsteuer*

Vorsteuer an Aufwendungen für Waren 760,00 €

Ende der Periode

### Umsatzsteuer

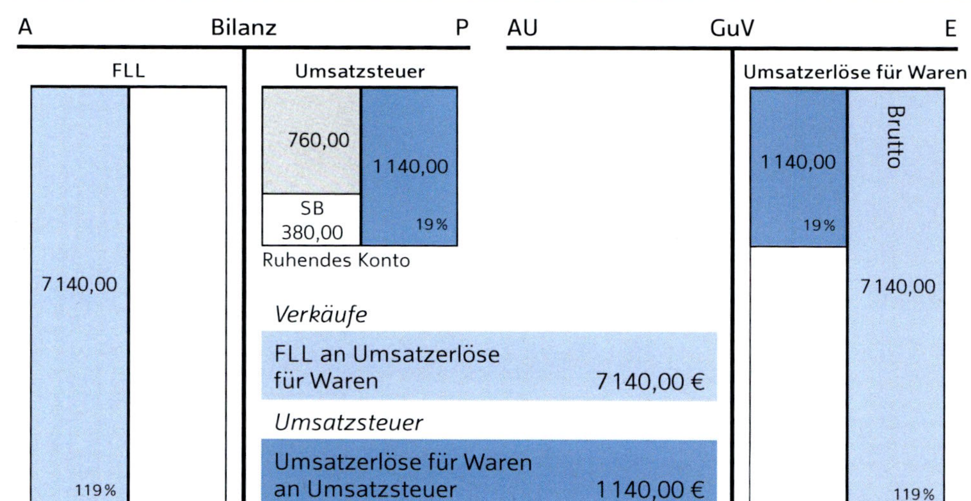


*Verkäufe*

FLL an Umsatzerlöse für Waren 7 140,00 €

*Umsatzsteuer*

Umsatzerlöse für Waren an Umsatzsteuer 1 140,00 €

Ende der Periode

# Löhne und Gehälter

## Steuern

Bei der buchhalterischen Abrechnung von Löhnen und Gehältern sind neben den Sozialversicherungsbeiträgen auch Steuern zu berücksichtigen.

Die **Lohnsteuer** ist eine besondere Erhebungsform der Einkommensteuer. Ihre Höhe richtet sich nach der entsprechenden Einkommensteuertarifzone, der Lohnsteuerklasse (Familienstand und Kinderzahl) sowie persönlichen Freibeträgen.

Der seit 1994 erhobene **Solidaritätszuschlag** beträgt 5,5 % der Lohnsteuer.

Die **Kirchensteuer** beträgt 9 % (in Bayern und Baden-Württemberg 8 %) der Lohnsteuer. Sie wird nur für Mitarbeiter abgeführt, die einer steuererhebenden Kirchengemeinschaft angehören.

Der Arbeitnehmer (AN) ist Schuldner dieser Steuern. Der Arbeitgeber (AG) haftet für deren Einbehaltung und Abführung an das **Finanzamt**.

## Sozialversicherungsbeiträge

In der gesetzlichen Sozialversicherung sind alle nichtselbstständigen Arbeitnehmer und auch einige selbstständige Berufsgruppen pflichtversichert.

Die Sozialversicherungsbeiträge werden grundsätzlich je zur Hälfte von Arbeitnehmer und Arbeitgeber getragen. Die Höhe der Beiträge berechnet sich in Prozenten des Bruttoarbeitsentgelts, wobei dieses nur bis zu bestimmten Beitragsbemessungsgrenzen (BBG) beitragspflichtig ist (siehe Tabelle auf Seite 23). Arbeitnehmer, die ein Jahr lang über der Versicherungspflichtgrenze (Jahresarbeitsentgeltgrenze / JAEG) verdienen, können in eine private Krankenversicherung wechseln.

Der Arbeitgeber führt die Sozialversicherungsbeiträge an die **Krankenkasse** ab.

Die Beiträge zur gesetzlichen **Unfallversicherung** werden vom Arbeitgeber alleine getragen und an die Berufsgenossenschaft gezahlt.

## Verbuchung

Der Arbeitgeber muss die Sozialversicherungsbeiträge spätestens bis zum drittletzten Bankarbeitstag des laufenden Monats (also bereits vor der Zahlung der Mitarbeiterlöhne / -gehälter) als Vorauszahlung an die Krankenkasse leisten: „SV-Beitragsvorauszahlung an Flüssige Mittel“ (1 165,41 €).

Über das Konto „Löhne“ werden die für den Arbeitnehmer bezahlten **Steuern** in Höhe von 388,25 € („Löhne an Verbindlichkeiten gegenüber Finanzbehörden“) sowie der **Arbeitnehmeranteil der Sozialversicherungsbeiträge** in Höhe von 602,28 € („Löhne an Verbindlichkeiten gegenüber Sozialversicherungsträgern“) verbucht. Nach Buchung des ausbezahlten **Nettolohns** in Höhe von 1 908,47 € („Löhne an Flüssige Mittel“) resultiert als Saldo auf dem Konto „Löhne“ der **Bruttolohn** (2 899,00 €).

Der **Arbeitgeberanteil der Sozialversicherungsbeiträge** in Höhe von 563,13 € wird über das entsprechende Aufwandkonto gebucht: „Arbeitgeberanteil zur Sozialversicherung an Verbindlichkeiten gegenüber Sozialversicherungsträgern.

Die gesamten aufgewendeten **Personalkosten** für den Mitarbeiter belaufen sich im dargestellten Beispiel auf 3 462,13 € (= Bruttolohn + Arbeitgeberanteil der Sozialversicherungsbeiträge).

Die Zahlung der **Steuern** in Höhe von 388,25 € wird mit „Verbindlichkeiten gegenüber Finanzbehörden an Flüssige Mittel“ erfasst.

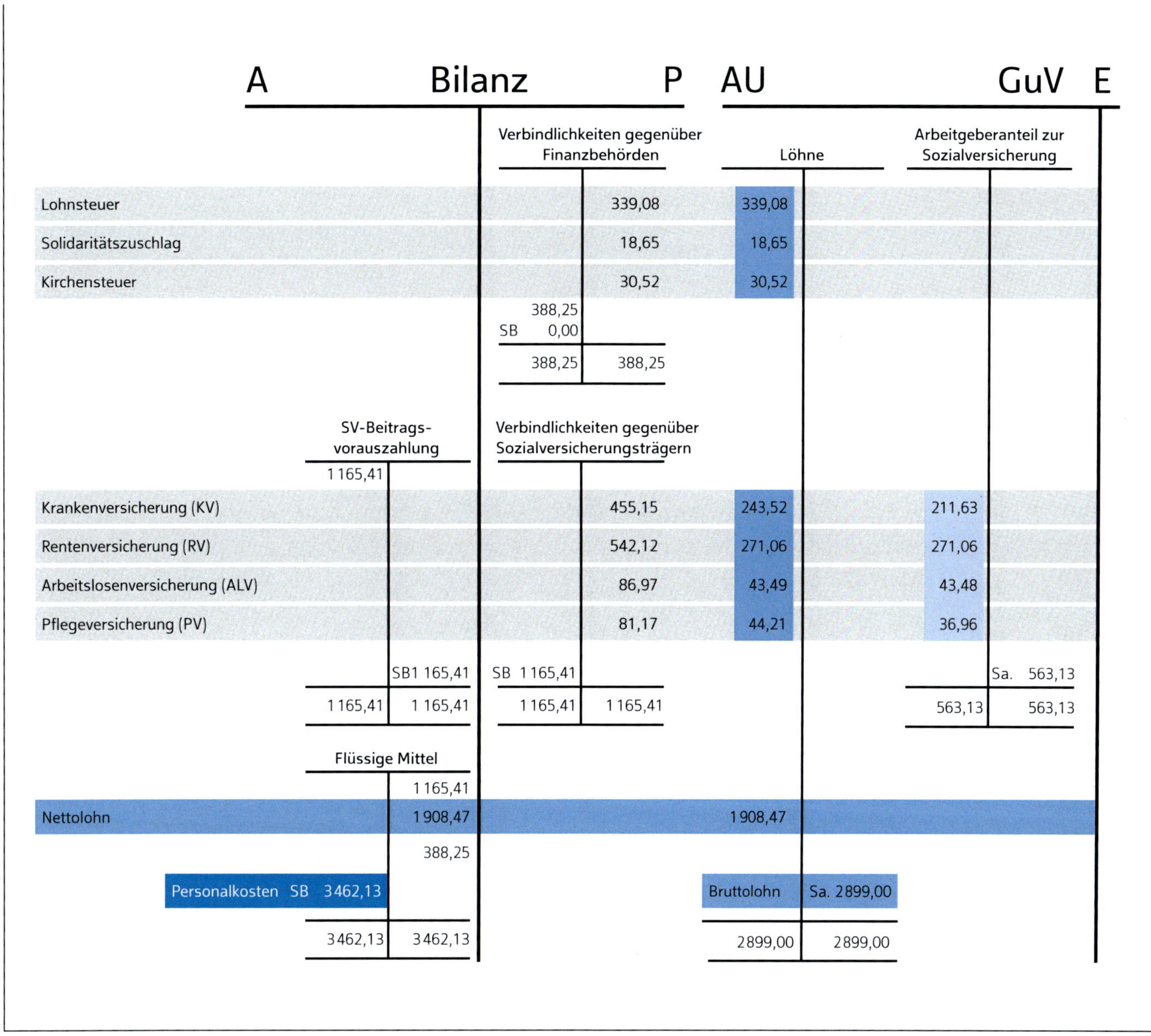


| Sozialversicherungsbeiträge | | | | |
|---|---|---|---|---|
| (Stand 2017) | Rentenversicherung (RV) | Arbeitslosen-versicherung (ALV) | Kranken-versicherung (KV) | Pflege-versicherung (PV) |
| Beitragsbemessungs-grenze | 76 200,00 € (West)<br>68 400,00 € (Ost) | 76 200,00 € (West)<br>68 400,00 € (Ost) | 52 200,00 € | 52 200,00 € |
| Versicherungspflicht-grenze | - | - | 57 600,00 € | 57 600,00 € |
| Beitragssatz | 18,7 % | 3,0 % | 14,6 % | 2,55 % |
| Besonderheit | - | - | kassenindividueller Zusatzbeitrag zwischen 0,0 % und 1,7 % (nur AN) | • kinderlose AN ab dem vollendeten 23. Lebensjahr zahlen einen Zusatz-beitrag von 0,25 %<br>• Sonderregelung für Sachsen |

# Abschreibungen

## Planmäßige und außerplanmäßige Abschreibungen

Sämtliche Sachanlagen (z. B. Fuhrpark, Maschinen) werden beim Kauf als Aktivzugang gebucht („Fuhrpark an Flüssige Mittel"). Im Laufe der Zeit verlieren diese Güter infolge Gebrauchs (technischer Verschleiß), Alterung (natürlicher Verschleiß) oder aufgrund technischen Fortschritts an Wert. Dieser Wertverlust, der das Eigenkapital des Unternehmens schmälert, muss als Aufwand verbucht werden. Man spricht von **planmäßigen Abschreibungen**, mit denen die Anschaffungskosten anteilsmäßig über die Jahre der Nutzung verteilt werden. Planmäßige Abschreibungen dienen damit der periodengerechten Erfolgsermittlung.

Daneben fordert § 253 HGB im Fall einer dauerhaften Wertminderung durch unvorhergesehene Ereignisse (z. B. Brand, Hochwasser, Preisverfall infolge geänderter Marktbedingungen) eine **außerplanmäßige Abschreibung** des betroffenen Anlagegegenstandes (strenges Niederstwertprinzip).

## Abschreibungsmethoden

Da Abschreibungen insbesondere den steuerlichen Gewinn reduzieren, lässt die Finanzverwaltung diese nur bis zu einer bestimmten Höhe zu. Sie veröffentlicht entsprechende „AfA-Tabellen" für die zulässige „**Absetzung für Abnutzung**".

Das zur Ermittlung des Abschreibungsbetrages am häufigsten verwendete Verfahren ist die **lineare Abschreibung**, bei der von einem gleichmäßigen Wertverzehr ausgegangen wird, d. h. während der gesamten Nutzungsdauer wird jedes Jahr gleich viel abgeschrieben. Der Betrag errechnet sich als fester Prozentsatz des Anschaffungswertes. Im dargestellten Beispiel wird jährlich ein Wertverlust von 10 T€ verbucht. Dies entspricht 16,7 % des Anschaffungswertes von 60 T€.

Bei der **Leistungsabschreibung** (Abschreibung nach Maßgabe der Leistung) wird für die Nutzungsdauer anstatt mit Jahren in Leistungseinheiten (z. B. Stück, Maschinenstunden, Kilometer usw.) gerechnet. Im Beispiel wird ein Pkw über sechs Jahre gemäß zurückgelegten Kilometern abgeschrieben.

Falls ein Anlagegut nach vollständiger Abschreibung im Betriebsvermögen verbleibt, wird es im Inventar mit einem **Erinnerungswert** von 1,00 € weitergeführt.

## Verbuchung der Abschreibungen

In der Bilanz wird der Wertverlust als Abnahme im entsprechenden Aktivkonto („Abschreibungen auf Sachanlagen an Fuhrpark") gebucht. Für Kapitalgesellschaften sind gemäß § 266 HGB Wertberichtigungskonten auf der Passivseite der Bilanz nicht zulässig (Passivierungsverbot).

Bei dem **Verkauf einer Anlage** („Forderungen aus Lieferungen und Leistungen an Sonstige Erlöse") wird die Differenz zwischen dem aktuellen Buchwert und dem Verkaufserlös entweder als Gewinn („Erträge aus dem Abgang von Vermögensgegenständen an Fuhrpark") oder als Verlust („Fuhrpark an Verluste aus dem Abgang von Vermögensgegenständen") gebucht.

Der Wertverlust von sogenannten **Geringwertigen Wirtschaftsgütern (GWG)** kann alternativ vereinfacht verbucht werden. Anlagen im Wert von 150,01 € bis 1 000,00 € können beim Kauf als **Sammelposten** (Pool) aktiviert („Sammelposten BGA an Flüssige Mittel") und danach linear über fünf Jahre mit jeweils 20 % abgeschrieben werden („Abschreibungen auf Sammelposten an Sammelposten BGA"). Die 20 %ige Abschreibung darf auch vorgenommen werden, wenn das Anlagegut nach einem Jahr verkauft wurde. Alternativ können Werte unter 410,00 € („Geringwertige BGA an Flüssige Mittel") auch sofort komplett abgeschrieben werden („Abschreibungen auf GWG an Geringwertige BGA"). Für Werte bis 150,00 € kann auf eine Abschreibung verzichtet und stattdessen der Gesamtbetrag als **Sofortaufwand** gebucht werden (z. B. „Geschäftsausstattung an Flüssige Mittel").

# Abschreibungen



## Lineare Abschreibung

| A | Bilanz | P |
|---|---|---|
| Fuhrpark | | |

**Fuhrpark**

| | |
|---|---|
| AB 60 | 10 |
| | SB 50 |

| AU | GuV | E |
|---|---|---|
| Abschreibungen aus Sachanlagen | | |

**Abschreibungen aus Sachanlagen**

| | |
|---|---|
| 10 | Sa. 10 |

*Abschreibung*

Abschreibungen auf Sachanlagen
an Fuhrpark 10 T€

## Abschreibung von GWG

| A | Bilanz | P |
|---|---|---|
| Sammelposten GWA | | |

**Sammelposten GWA**

| | |
|---|---|
| Kauf 150,00 | 200,00 |
| Kauf 500,00 | |
| Kauf 350,00 | |
| | SB 800,00 |

| AU | GuV | E |
|---|---|---|
| Abschreibungen | | |

**Abschreibungen**

| | |
|---|---|
| 200,00 | Sa. 200,00 |

*Abschreibung*

Abschreibungen
an Sammelposten BGA 200,00

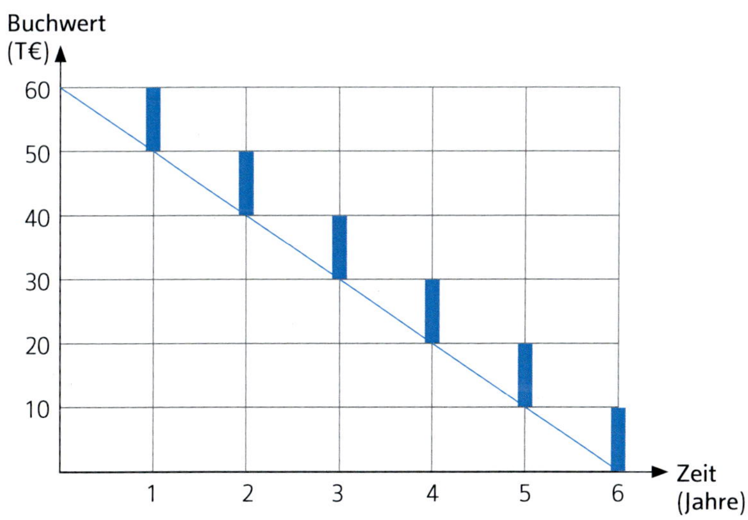

# Bewertung der Forderungen

## Ausweis von zweifelhaften Forderungen in der Bilanz

Analog dem Wertverlust von Sachanlagen ▶ **Tafel 9** können auch „Forderungen aus Lieferungen und Leistungen (FLL)" ▶ **Tafel 4** an Wert verlieren, indem beispielsweise ein Kunde in Konkurs gerät und dessen Zahlung dadurch ungewiss wird. Derartige Forderungen müssen in der Bilanz von den **einwandfreien Forderungen** abgegrenzt werden. Sie werden dazu auf das Konto **„Zweifelhafte Forderungen"** umgebucht: „Zweifelhafte Forderungen an FLL" (2 T€).

## Direkte Abschreibung einer uneinbringlichen Forderung

Sobald eine Forderung nicht mehr einzutreiben ist (z. B. aufgrund eines Forderungsverzichts im Rahmen eines Insolvenzverfahrens oder nach der Verjährung) wird sie als sogenannte **uneinbringliche Forderung direkt abgeschrieben**: „Abschreibungen auf Forderungen wegen Uneinbringlichkeit an Zweifelhafte Forderungen" (2 T€).

## Einzelwertberichtigung auf einer zweifelhaften Forderungen

Vor dem Jahresabschluss wird für alle zweifelhaften Forderungen die Höhe des vermuteten Zahlungsausfalls geschätzt. Im dargestellten Beispiel wird angenommen, dass von der Gesamtforderung von 10 T€ ein Anteil von 4 T€ nicht eingetrieben werden kann. Entsprechend erfolgt die **Bildung einer Einzelwertberichtigung** (4 T€) mit der Buchung „Zuführungen zu Einzelwertberichtigungen an Einzelwertberichtigungen auf Forderungen". Dieses Wertberichtigungskonto muss für Kapitalgesellschaften gemäß § 266 HGB auf der Aktivseite der Bilanz geführt werden (Passivierungsverbot).

Sobald die Höhe des effektiven Zahlungsausfalls feststeht, wird die entsprechende **Einzelwertberichtigung aufgelöst**. Im dargestellten Beispiel bezahlt der Kunde einen Anteil von 7 T€ („Flüssige Mittel an Zweifelhafte Forderungen"), d. h. 1 T€ mehr als geschätzt. Nach der Verbuchung des definitiven Forderungsausfalls von 3 T€ („Einzelwertberichtigungen auf Forderungen an Zweifelhafte Forderungen") resultiert ein Ertrag (1 T€), der über die GuV-Rechnung verbucht wird („Einzelwertberichtigungen auf Forderungen an Erträge aus der Auflösung oder Herabsetzung von Wertberichtigungen auf Forderungen").

Hätte der Kunde anstatt 7 T€ nur 2 T€ bezahlt, wäre die gebildete Einzelwertberichtigung von 4 T€ nicht ausreichend gewesen. In diesem Fall hätte die Forderung nach der Auflösung der Einzelwertberichtigung („Einzelwertberichtigungen auf Forderungen an Zweifelhafte Forderungen") zusätzlich um 4 T€ abgeschrieben werden müssen („Abschreibungen auf Forderungen wegen Uneinbringlichkeit an Zweifelhafte Forderungen").

## Anpassung von Pauschalwertberichtigungen auf Forderungen

Erfahrungsgemäß gibt es neben den bekannten zweifelhaften Einzelforderungen weitere Forderungen, deren Zahlungseingang ungewiss ist. Diese Verlustrisiken werden geschätzt und **indirekt** über das Konto **„Pauschalwertberichtigungen** auf Forderungen" abgeschrieben.

Dazu wird der Bestand der Pauschalwertberichtigungen jeweils per Bilanzstichtag dem neu zu erwartenden Forderungsausfall angepasst. Eine **Aufstockung** der Wertberichtigung wird mit „Zuführungen zu Pauschalwertberichtigungen an Pauschalwertberichtigungen auf Forderungen" (2 T€) als **Aufwand** gebucht. Eine **Herabsetzung** („Pauschalwertberichtigungen auf Forderungen an Erträge aus der Auflösung oder Herabsetzung von Wertberichtigungen auf Forderungen") (3 T€) führt dagegen zu einem **Ertrag**.

Wie bei den Einzelwertberichtigungen besteht für Kapitalgesellschaften auch bei den Pauschalwertberichtigungen ein Passivierungsverbot.

# Bewertung der Forderungen



## Direkte Abschreibung einer uneinbringlichen Forderung

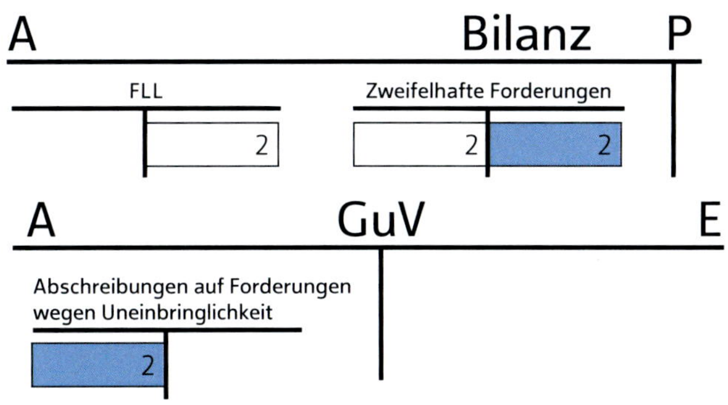


*Ausweis von zweifelhaften Forderungen in der Bilanz*

| | |
|---|---|
| Zweifelhafte Forderungen an FLL | 2 T€ |

*Direkte Abschreibung einer uneinbringlichen Forderung*

| | |
|---|---|
| Abschreib. a. F. w. U. an Zweifelh. Forderungen | 2 T€ |

## Einzelwertberichtigung einer zweifelhaften Forderung

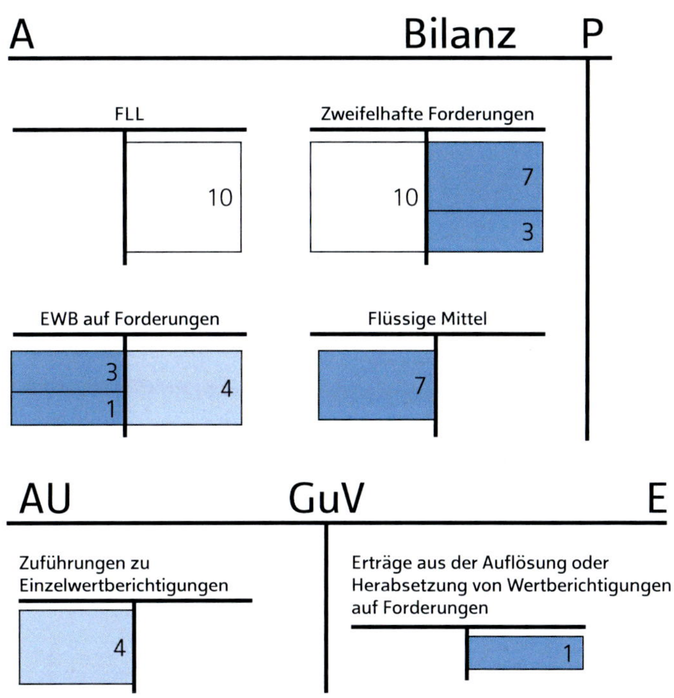


Bildung

| | |
|---|---|
| Zuführungen zu EWB an EWB a. F. | 4 T€ |

Auflösung einer zu hohen EWB ➡ Ertrag

*Zahlung des Kunden*

| | |
|---|---|
| Flüssige Mittel an Zweifelhafte Forderungen | 7 T€ |

*Ausgleich des Kontos „Zweifelhafte Forderungen"*

| | |
|---|---|
| EWB a. F. an Zweifelhafte Forderungen | 3 T€ |

*Restauflösung der EWB*

| | |
|---|---|
| EWB a. F. an Erträge a. d. Aufl. v. WB | 1 |

Auflösung einer zu niedrigen EWB ➡ Aufwand

*Zahlung des Kunden*

| | |
|---|---|
| Flüssige Mittel an Zweifelh. Forderungen | 2 T€ |

*Auflösung der EWB*

| | |
|---|---|
| EWB a. F. an Zweifelhafte Forderungen | 4 T€ |

*Ausgleich des Kontos „Zweifelhafte Forderungen"*

| | |
|---|---|
| Abschr. A. F. w. U. an Zweifelh. Forderungen | 4 T€ |

## Anpassung von Pauschalwertberichtigungen auf Forderungen

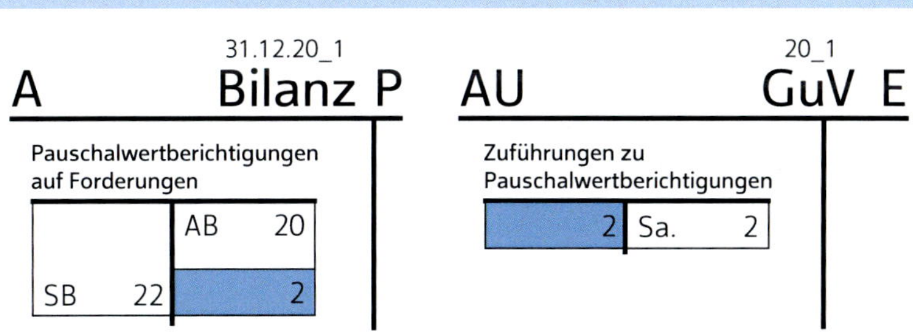


Aufstockung

| | |
|---|---|
| Zuführungen zu PWB an PWB a. F. | 2 T€ |

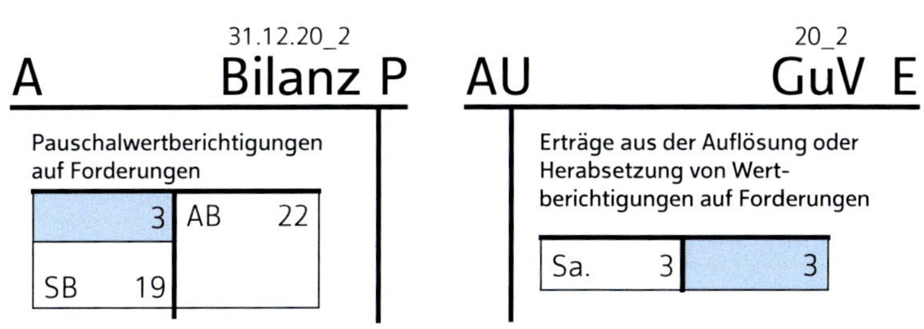


Herabsetzung

| | |
|---|---|
| PWB a. F. an Ertr. A. d. Herabs. von WB | 3 T€ |

# Zeitliche Rechnungsabgrenzungen

Mit den zeitlichen Rechnungsabgrenzungsbuchungen werden im Zuge der vorbereitenden Abschlussarbeiten nicht periodengerecht verbuchte Aufwendungen und Erträge an die Periode angepasst.

Dabei handelt es sich einerseits um Beträge, die im alten Jahr bereits verbucht worden sind, obwohl sie erst das folgende Jahr betreffen. In diesem Fall müssen entsprechende **aktive und passive Rechnungsabgrenzungen** gebildet werden. Man spricht auch von **Aufwands- bzw. Ertragsvorträgen**.

Andererseits können für den Abschluss auch Beträge fehlen, die noch das Ergebnis des alten Jahres beeinflussen sollten. In diesem Fall werden zwecks periodengerechter Erfolgsermittlung entsprechende **Aufwands- bzw. Ertragsnachträge** in das alte Jahr gebucht, die als **„Sonstige Forderungen und Verbindlichkeiten"** bilanziert werden.

Der wesentliche Unterschied zwischen Vorträgen und Nachträgen besteht in der Auswirkung auf die **Liquidität** in der Zukunft. Im ersten Fall sind Ausgaben oder Einnahmen bereits im alten Jahr erfolgt, obwohl die entsprechenden Leistungen das neue Jahr betreffen. Im zweiten Fall tritt die Liquiditätsänderung erst im Folgejahr ein, obwohl die entsprechenden Einnahmen bzw. Ausgaben noch in das alte Jahr gehören.

## Aktive und passive Rechnungsabgrenzung

**Aktive Rechnungsabgrenzungen (ARA)** zeigen eine **Leistungsforderung** des alten Jahres gegenüber dem neuen. Es handelt sich um Ausgaben, die bereits im alten Jahr getätigt wurden, obwohl der Aufwand in das neue Jahr gehört (**Aufwandsvorträge**). Im dargestellten Beispiel wurde eine Versicherungsprämie für das Folgejahr bereits im alten Jahr bezahlt („Versicherungsbeiträge an Flüssige Mittel"). Mit der Buchung „ARA an Versicherungsbeiträge" wird nun dieser Aufwand im alten Jahr wieder auf Null ausgeglichen. Die im alten Jahr getätigte Zahlung wirkt sich folglich nicht auf den Erfolg der abgelaufenen Rechnungsperiode aus. Die Position ARA zeigt in diesem Fall eine Forderung für eine Leistung, nämlich den Versicherungsschutz im Folgejahr. Zu Beginn der neuen Periode werden die ARA durch Umkehrung der Buchungssätze wieder aufgelöst, d.h. es erfolgt eine sogenannte **Rückbuchung**. Im oben erwähnten Beispiel wird mit der Buchung „Versicherungsbeiträge an ARA" das Konto ARA wieder auf Null ausgeglichen und der Versicherungsaufwand dem Folgejahr belastet.

**Passive Rechnungsabgrenzungen (PRA)** zeigen eine **Leistungsverbindlichkeit** des alten Jahres gegenüber dem neuen. Im nebenstehenden Beispiel wurde von einem Mieter bereits im alten Jahr die Miete für das neue Jahr bezahlt („Flüssige Mittel an Mieterträge"), d.h. aus Sicht des Unternehmens ist eine bereits bezahlte Leistung (die Überlassung der Mietsache) geschuldet. Die notwendige Abgrenzungsbuchung lautet daher „Mieterträge an PRA". Zu Beginn des neuen Jahres wird die PRA mit einer Rückbuchung wieder auf Null ausgeglichen („PRA an Mieterträge") und dadurch der Mietertrag dem neuen Jahr gutgeschrieben (**Ertragsnachtrag**).

## Sonstige Forderungen und Verbindlichkeiten

Über das Konto „**Sonstige Forderungen**" werden im Gegensatz zu ARA nicht Leistungsforderungen, sondern **Geldforderungen** abgegrenzt. Es geht hier um Erträge, die in das alte Jahr gehören, deren entsprechende Einnahmen aber erst im neuen Jahr erfolgen. Im dargestellten Beispiel wird für die erst im Folgejahr bezahlten Zinsen für ein gewährtes Darlehen ein **Ertragsnachtrag** in das alte Jahr gebucht („Sonstige Forderungen an Zinserträge"). Die Forderung bleibt im neuen Jahr bis zur effektiven Zinszahlung („Flüssige Mittel an Sonstige Forderungen") in den Büchern stehen.

Bei den **sonstigen Verbindlichkeiten** handelt es sich um **Geldverbindlichkeiten**. Damit werden **Aufwandsnachträge** in das alte Jahr gebucht, für die die entsprechenden Ausgaben erst im neuen Jahr erfolgen. Im dargestellten Beispiel werden mit der Abgrenzungsbuchung „Zinsaufwendungen an Sonstige Verbindlichkeiten" die Aufwendungen für die Zinsen dem alten Jahr belastet. Erst mit der effektiven Zahlung im Folgejahr („Sonstige Verbindlichkeiten an Flüssige Mittel") wird das Konto „Sonstige Verbindlichkeiten" wieder auf Null ausgeglichen.

# Zeitliche Rechnungsabgrenzungen



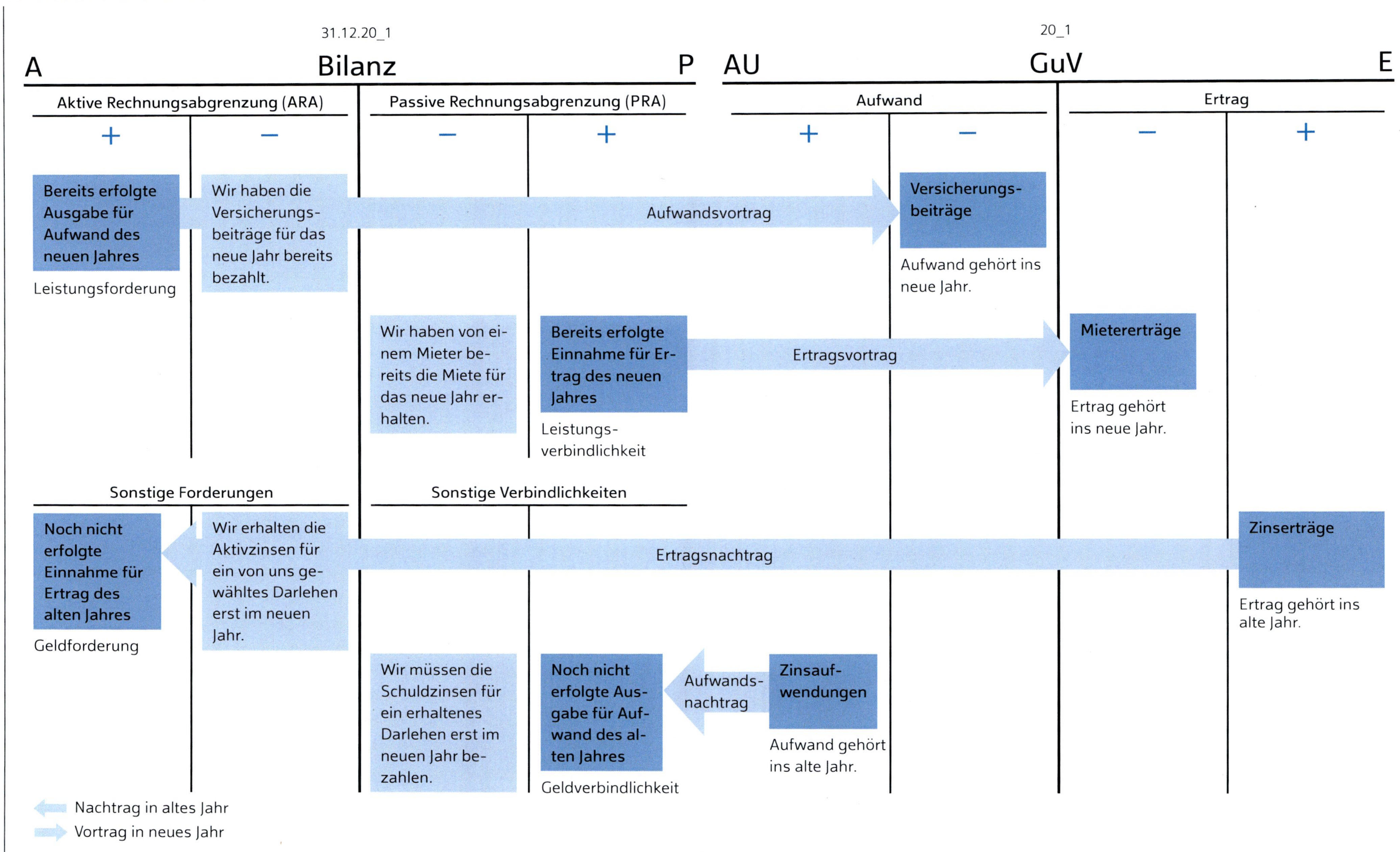

# Rückstellungen

Wie bei den sonstigen Verbindlichkeiten (▶ **Tafel 11**) handelt es sich auch bei Rückstellungen um zeitliche Abgrenzungspositionen. Der entscheidende Unterschied dieser Fremdkapitalbestände ist deren **Ungewissheit** und **Unbestimmtheit**. Ungewiss oder unbestimmt sind bei Rückstellungen etwa der Tatbestand, die Höhe oder der Zeitpunkt (Fälligkeit) des Mittelabgangs. Selbst der Empfänger der zukünftigen Leistung kann unbestimmt sein.

Sowohl das Steuerrecht als auch das Handelsrecht schreiben den Ausweis von Rückstellungen auf der Passivseite der Bilanz für Pensionsverpflichtungen, Steuerverbindlichkeiten, Garantieverpflichtungen, Prozesskosten, Jahresabschlusskosten, drohende Verluste aus schwebenden Geschäften, unterlassene Aufwendungen für Instandhaltungen und Sachmängelhaftungen vor.

Derartige zukünftige Kosten müssen spätestens beim Jahresabschluss geschätzt und als **Aufwand** dem abgelaufenen Geschäftsjahr zugeordnet werden. Rückstellungen können auch den Charakter einer **Ertragsminderung** haben. Beispielsweise schmälern Rückstellungen für künftige Garantieleistungen den Verkaufsertrag des entsprechenden Produktes.

Gemäß HGB ist die Bildung stiller Reserven (▶ **Tafel 14**) durch bewusst zu hoch ausgewiesene Rückstellungen nicht zulässig. Eine Rückstellung muss erfolgswirksam aufgelöst werden, wenn der Grund für ihre Bildung weggefallen ist.

## Bildung einer Rückstellung

Die Bildung einer Rückstellung (100 T€) erfolgt aufgrund einer Schätzung des zukünftigen Mittelabgangs und entsprechender Belastung des Betriebserfolgs im abgelaufenen Jahr.

Der Buchungssatz zur Bildung einer Prozessrückstellung würde demnach lauten: „Außerordentliche Aufwendungen an Sonstige Rückstellungen". Eine Garantierückstellung würde mit „Umsatzerlöse für Waren an Sonstige Rückstellungen" gebildet.

## Nutzung und Auflösung einer Rückstellung

Sobald der Mittelabfluss (80 T€) stattfindet, wird die dafür vorgesehene Rückstellung **genutzt**: „Sonstige Rückstellungen an Flüssige Mittel".

Im dargestellten Beispiel war die Rückstellung zu hoch. Der die effektive Zahlung übersteigende Betrag entlastet daher das Unternehmensergebnis der laufenden Periode, d. h. durch die **Auflösung** von 20 T€ wird ein außerordentlicher Ertrag realisiert: „Sonstige Rückstellungen an Erträge aus der Herabsetzung von Rückstellungen".

Umgekehrt würde bei einer nicht ausreichenden Rückstellung ein entsprechender Aufwand entstehen („Periodenfremde Aufwendungen an Flüssige Mittel").

Im Falle von wiederkehrend zu bildenden Rückstellungen (z. B. Garantierückstellungen) wird das Rückstellungskonto in der Regel nie auf Null aufgelöst, sondern darin am Ende des Jahres jeweils die Veränderung auf den neu geschätzten Betrag gebucht.

# Rückstellungen

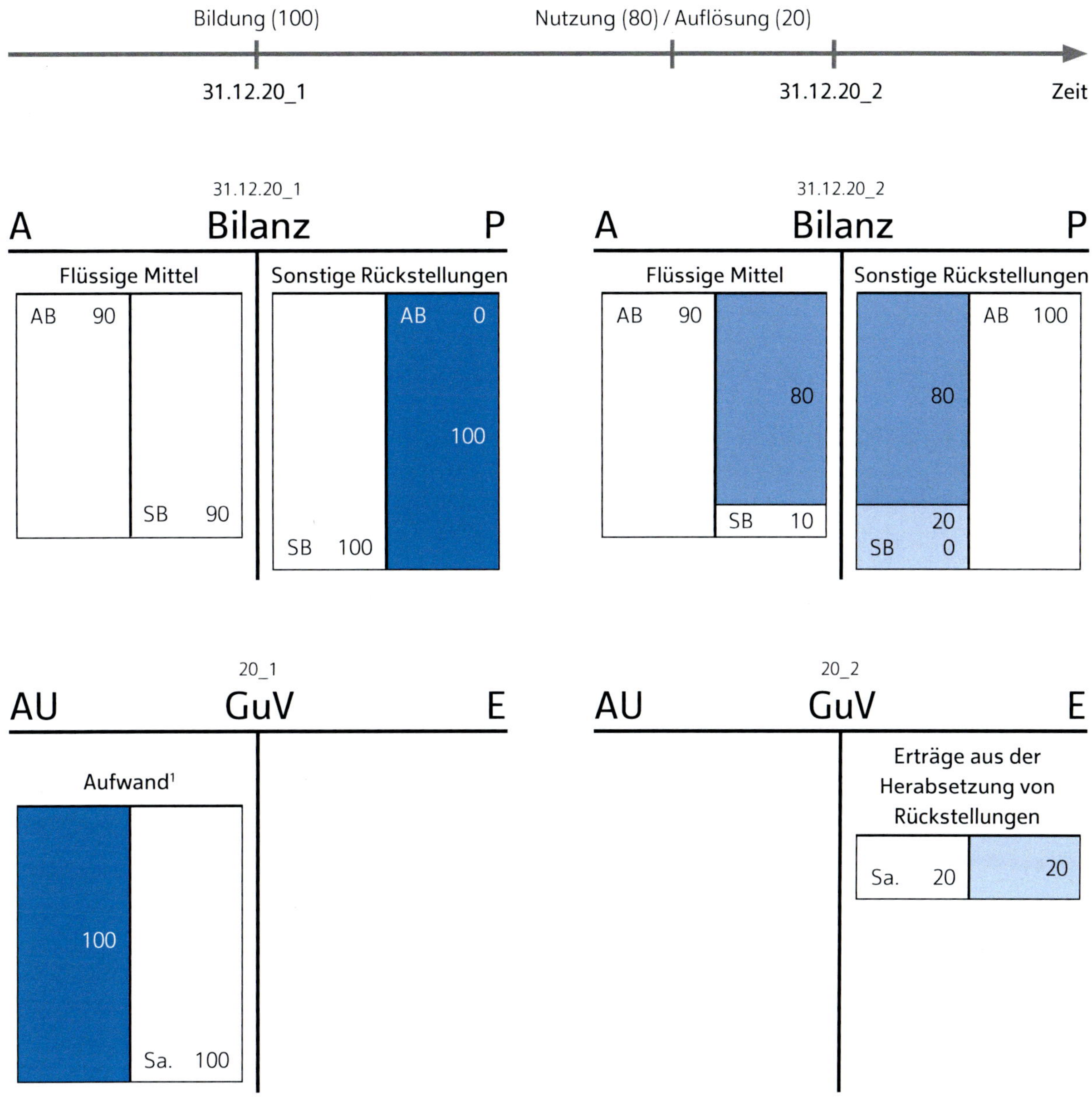


*Bildung*

| | |
|---|---|
| Aufwand[1] an Rückstellungen | 100 T€ |

*Nutzung*

| | |
|---|---|
| Sonstige Rückstellungen an Flüssige Mittel | 80 T€ |

*Auflösung der zu hohen Rückstellung*

| | |
|---|---|
| Sonstige Rückstellungen an Erträge aus der Herabsetzung von Rückstellungen | 20 T€ |

*Außerordentlicher Aufwand im Falle einer zu niedrigen Rückstellung*

Periodenfremde Aufwendungen an Flüssige Mittel

[1] oder Ertragsminderung

# Gewinnverbuchung

Unabhängig von der Rechtsform des Unternehmens wird am Ende der Rechnungsperiode der in der GuV-Rechnung ermittelte Gewinn in das Eigenkapital der Bilanz übertragen. Die anschließende Verteilung des Gewinns sowie die Darstellung des Eigenkapitals in der Bilanz unterscheiden sich zwischen Einzelunternehmen, Personengesellschaften und Kapitalgesellschaften.

Einzelunternehmen und Personengesellschaften kennen das Kapital- und das Privatkonto. Das **Kapitalkonto** zeigt das dem Unternehmen langfristig zur Verfügung gestellte Kapital. Über das **Privatkonto** wird der laufende Verkehr zwischen dem Unternehmen und den Geschäftsinhabern abgewickelt (z. B. Barbezüge, Warenbezüge, Eigenlohn, Eigenzins). Das Privatkonto ist ein Unterkonto des Kapitalkontos und wird daher am Jahresende über das Kapitalkonto abgeschlossen („Privat an Kapital"), d. h. es wird nicht in der Schlussbilanz dargestellt.

## Einzelunternehmen (Einzelkaufleute)

Das Einzelunternehmen gehört einem Alleineigentümer. Am Jahresende wird der Gewinn dem Eigenkapital zugeschlagen: „GuV an Eigenkapital" (400 T€). Das Privatkonto ist von der Gewinnverbuchung nicht betroffen.

## Personengesellschaften

Personengesellschaften gehören mehreren Eigentümern gemeinsam. Die Höhe der Kapitalanteile soll in der Regel nicht laufend verändert werden, weshalb die Verbuchung des Gewinns über die entsprechenden Privatkonten erfolgt: „GuV an Privat A" (250 T€) bzw. „GuV an Privat B" (150 T€).

Über die Privatkonten werden auch Einlagen und Entnahmen gebucht. Am Jahresende werden sie über die zugehörenden Kapitalkonten abgeschlossen: „Privat A an Kapital A" bzw. „Privat B an Kapital B".

Die Erfolgsbeteiligung richtet sich nach dem Gesellschaftsvertrag. Ohne entsprechende Regelung gilt für die Offene Handelsgesellschaft (OHG) sowie die Kommanditgesellschaft (KG) gemäß HGB, dass jedem Gesellschafter zunächst ein Anteil am Jahresgewinn in Höhe von 4 % seines Kapitalanteils zusteht. Der verbleibende Gewinnrest wird nach Köpfen verteilt. Verluste werden ebenfalls nach Köpfen verteilt.

## Kapitalgesellschaften

Die Buchführung der Kapitalgesellschaften kennt in der Regel keine Privatkonten, da die Gesellschafter häufig nicht selbst im Unternehmen mitarbeiten und daher während des Jahres auch keine entsprechenden finanziellen Beziehungen bestehen.

Die GuV-Rechnung wird mit der Buchung „GuV an Jahresüberschuss" (400 T€) abgeschlossen. Danach wird der Gewinn zusammen mit einem aus dem Vorjahr angefallenen Gewinnvortrag (15 T€) über das Konto „Ergebnisverwendung" verteilt: „Jahresüberschuss an Ergebnisverwendung" (400 T€).

Im Falle der Aktiengesellschaft müssen gemäß Gesetz zunächst 5 % des Gewinns in die **gesetzliche Rücklage** eingestellt werden, und zwar solange, bis diese zusammen mit der **Kapitalrücklage** 10 % des **gezeichneten Kapitals (Grundkapitals)** beträgt: „Gewinnvortrag an Gesetzliche Rücklagen" (20 T€). Gemäß Satzung können zusätzliche **satzungsmäßige Rücklagen** bestimmt werden: „Gewinnvortrag an Satzungsmäßige Rücklagen" (10 T€).

Der Rest (385 T€) kann in der Folgeperiode nach Beschluss über die Gewinnverwendung auf der Hauptversammlung sowohl als **Dividende** an die Aktionäre ausgeschüttet („Ergebnisverwendung an Flüssige Mittel") als auch in Form von **anderen Rücklagen** in dem Unternehmen einbehalten werden („Ergebnisverwendung an Andere Gewinnrücklagen").

# Gewinnverbuchung

## Einzelunternehmen

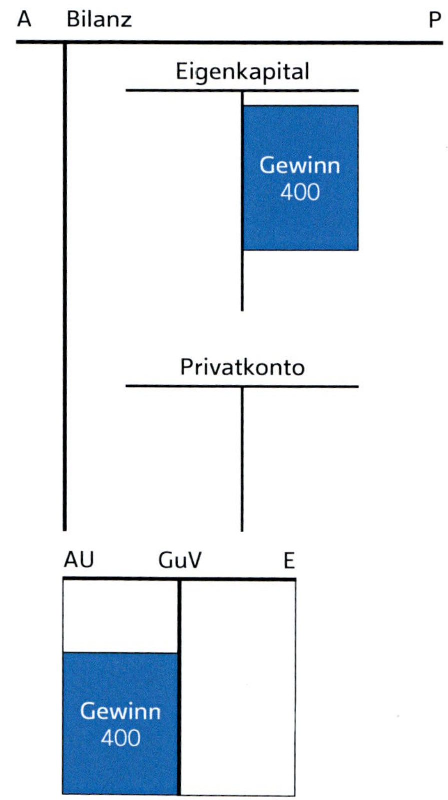


*Jahresabschluss*

| | |
|---|---|
| GuV an Eigenkapital | 400 T€ |

## Personengesellschaften

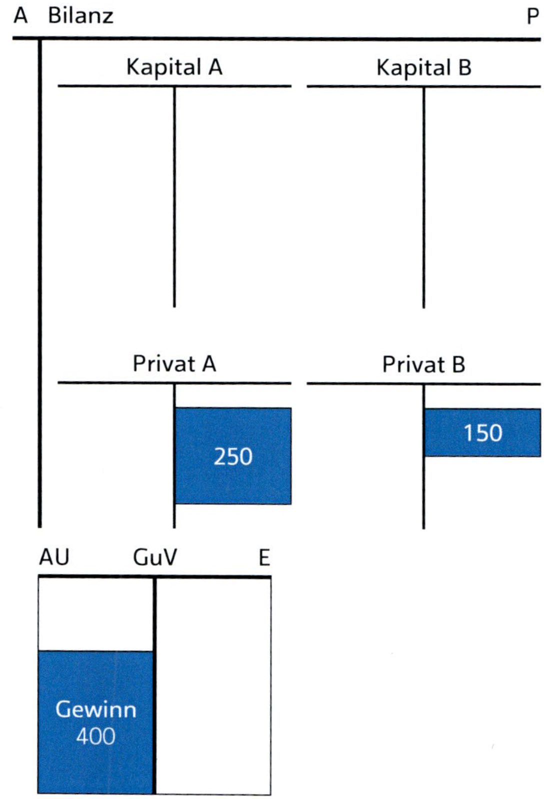


*Jahresabschluss*

| | |
|---|---|
| GuV an Privat A | 250 T€ |
| GuV an Privat B | 150 T€ |

## Kapitalgesellschaften

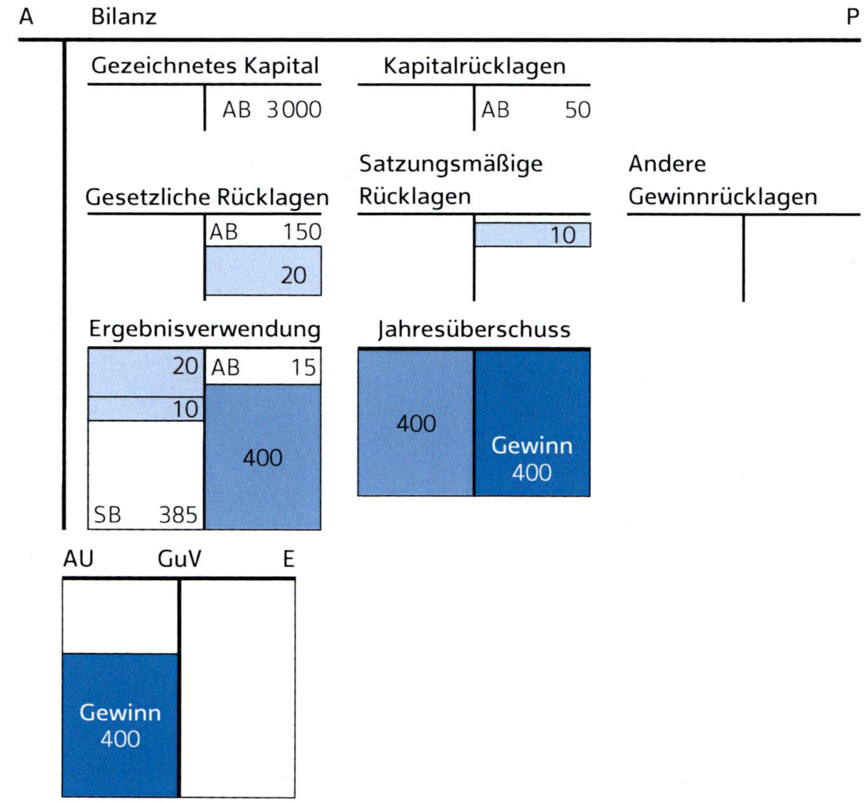


*Jahresabschluss*

| | |
|---|---|
| GuV an Jahresüberschuss | 400 T€ |
| Jahresüberschuss an Ergebnisverwendung | 400 T€ |
| Ergebnisverwendung an Gesetzliche Rücklagen | 20 T€ |
| Ergebnisverwendung an Satzungsmäßige Rücklagen | 10 T€ |

*Gewinnverteilung in der Folgeperiode*

| | |
|---|---|
| Ergebnisverwendung an Flüssige Mittel | |
| Ergebnisverwendung an Andere Gewinnrücklagen | |

# Bewertungsgrundsätze und stille Reserven

In der Regel führt ein Unternehmen je nach Adressatenkreis bzw. Zweck unterschiedliche Rechnungen. Die **Unternehmensleitung** möchte zur Führung des Unternehmens dessen tatsächliche finanzielle Situation kennen, die in der „internen Bilanz" bzw. „internen GuV-Rechnung" dargestellt wird. Dagegen sollen **Dritten** (z.B. Gläubigern, Aktionären, Öffentlichkeit, Finanzverwaltung) oft nicht die wirklichen Werte offengelegt werden. Der sogenannten „externen Bilanz" bzw. „externen GuV-Rechnung" liegt daher eine andere Bewertung von Aktiva und Passiva bzw. Aufwendungen und Erträgen zugrunde, wobei sowohl das Handelsrecht als auch das Steuerrecht mittels verschiedener **Bewertungsgrundsätze** eine beliebige Manipulation der Zahlen verhindern. Die handelsrechtlichen Vorschriften dienen in erster Linie dem Gläubigerschutz. Die steuerrechtlichen Bestimmungen bewirken, dass der Gewinn als Steuerbemessungsgrundlage nach einheitlichen Grundsätzen ermittelt wird.

Die Differenz zwischen den in der Regel schlechteren Werten der externen Rechnung und den tatsächlichen Werten der internen Rechnung nennt man **stille Reserven** oder **stille Rücklagen**.

## Bewertungsgrundsätze

Der wichtigste allgemeine Bewertungsgrundsatz gemäß § 252 HGB ist das **Vorsichtsprinzip** bzw. das **Gläubigerschutzprinzip**, nach dem im Jahresabschluss ein zu hoher Vermögens- und ein zu niedriger Schuldenausweis vermieden werden muss. Es sind daher alle vorhersehbaren Risiken und Verluste zu berücksichtigen. Umgekehrt dürfen Gewinne infolge von Wertsteigerungen nur ausgewiesen werden, falls sie am Abschlusstag realisiert sind (**Realisationsprinzip**). Wegen der ungleichen Behandlung nicht realisierter Gewinne und Verluste spricht man auch von Imparitätsprinzip.

In § 253 HGB werden die Bewertungsgrundsätze für das Vermögen und die Schulden konkretisiert. Danach dürfen Vermögenswerte höchstens mit den **Anschaffungskosten** bilanziert werden, auch wenn deren Wert höher ist. Bei selbst hergestellten Gütern bilden die **Herstellungskosten** die Wertobergrenze. Für die Bewertung des Umlaufvermögens gilt darüber hinaus ein strenges **Niederstwertprinzip**, d.h. falls der Wert zum Bilanzstichtag unter den Anschaffungskosten liegt, muss der niedrigere Wert angesetzt werden. Dadurch werden nicht realisierte Verluste ausgewiesen. Für das Anlagevermögen wird dieses Niederstwertprinzip gemildert, indem ein niedrigerer Wert als die Anschaffungskosten nur bei einer voraussichtlich dauerhaften Wertminderung angesetzt werden muss. Für die Bewertung von Schulden gilt umgekehrt das **Höchstwertprinzip**, d.h. falls sich der Erfüllungsbetrag beispielsweise infolge von Wechselkursschwankungen erhöhen sollte, ist grundsätzlich der höhere Wert anzusetzen.

## Stille Reserven

Stille Reserven bestehen entweder in einer Unterbewertung des Vermögens oder in einer Überbewertung der Schulden. Im dargestellten Beispiel wird eine Maschine in der externen Eröffnungsbilanz nur mit 40 T€ ausgewiesen, obwohl ihr tatsächlicher Wert um 50 T€ höher liegt. Diese Differenz ist der **Bestand** an stillen Reserven auf den Maschinen am Anfang der Periode. Es handelt sich dabei nicht um ein separates Bilanzkonto (auf das gebucht werden könnte), sondern um einen nach außen verborgenen Bestandteil des Eigenkapitals.

Am Ende der Periode beträgt der extern ausgewiesene Wert der Maschine aufgrund von Abschreibungen (10 T€) noch 30 T€, wobei in Wirklichkeit der Wertverlust nur 6 T€ beträgt. Durch die zu hohe Abschreibung von 4 T€ ist der in der internen GuV-Rechnung ausgewiesene Gewinn entsprechend höher. Dieser Betrag entspricht der **Veränderung** der stillen Reserven bei den Maschinen.

Allgemein formuliert erfolgt die **Bildung** von stillen Reserven durch den Ausweis eines zu hohen Aufwandes bzw. eines zu kleinen Ertrages. Entsprechend können stille Reserven umgekehrt durch Buchung zu kleiner Aufwendungen bzw. zu hoher Erträge **aufgelöst** werden.

| Maschinen | Extern | Intern | Stille Reserven |
|---|---|---|---|
| Anfangsbestand | 40 T€ | 90 T€ | 50 T€ |
| Schlussbestand | 30 T€ | 84 T€ | 54 T€ |
| Veränderung | −10 T€ | −6 T€ | +4 T€ |

# Bewertungsgrundsätze und stille Reserven

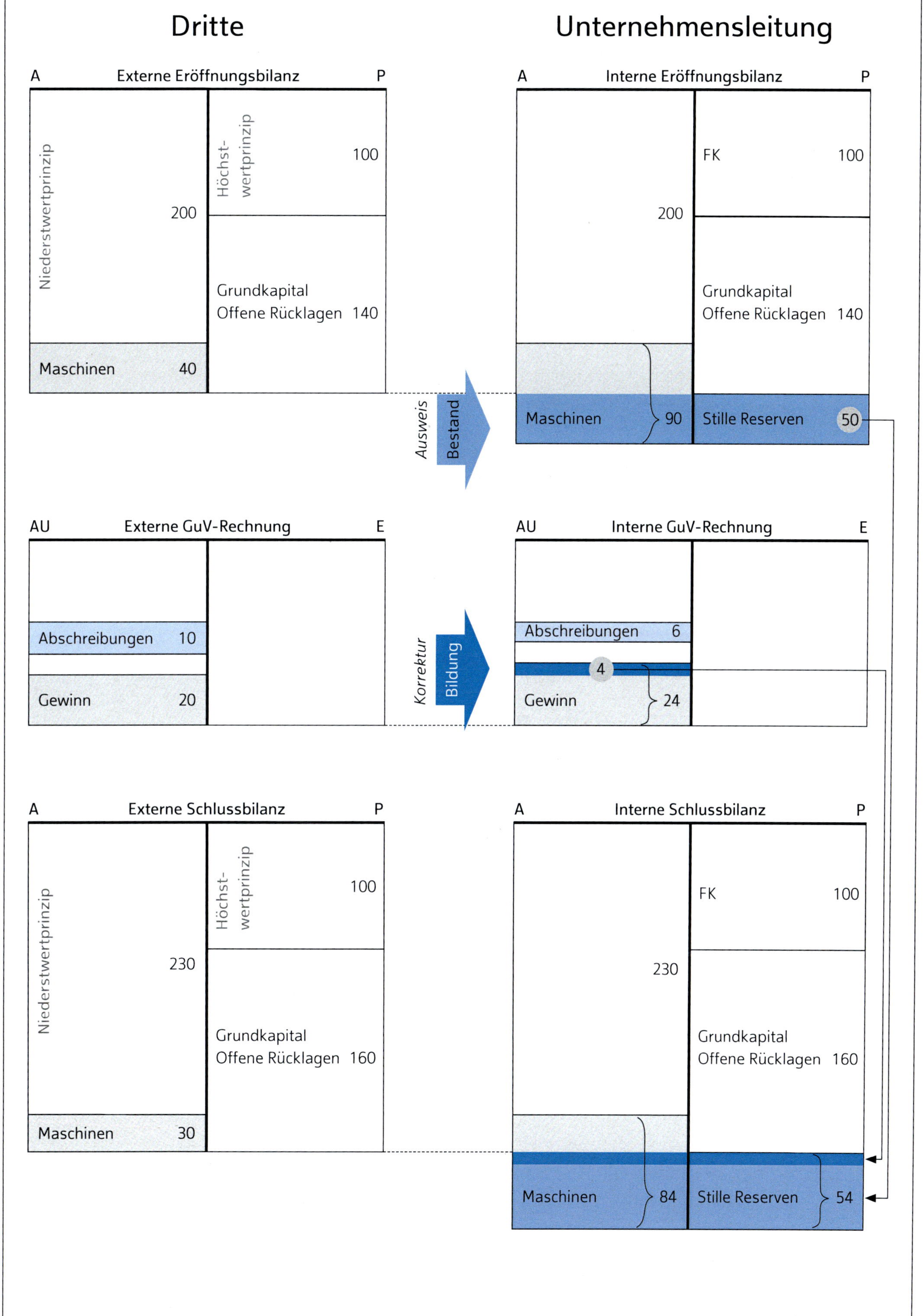

# Mindestgliederung der GuV-Rechnung

Für die Darstellung einer Gewinn- und Verlustrechnung (GuV-Rechnung) eignet sich sowohl die zu Lehrzwecken sehr anschauliche **Kontoform** als auch die häufig in Geschäftsberichten anzutreffende **Staffelform (Berichtsform)**, die für Kapitalgesellschaften vorgeschrieben ist.

Das HGB lässt bei der Darstellung die Wahlmöglichkeit zwischen der Aufstellung nach dem Gesamtkostenverfahren und dem Umsatzkostenverfahren, wobei zwecks Gewährleistung einer ordentlichen und einheitlichen Rechnungslegung eine Mindestgliederung vorgeschrieben wird.

Die hier dargestellte GuV-Rechnung nach dem Gesamtkostenverfahren bezieht sich auf die Kontengruppen und Kontenarten gemäß Industriekontenrahmen (▶ **Tafel 3**).

## Gesamtkostenverfahren

Die Tafel zeigt eine GuV-Rechnung in Staffelform nach dem **Gesamtkostenverfahren** gemäß dem Gliederungsschema nach § 275 Abs. 2 HGB, das für große Kapitalgesellschaften gilt. Mittelgroße und kleine Kapitalgesellschaften dürfen die Positionen 1 bis 5 als „Rohergebnis" zusammenfassen. Kleine Kapitalgesellschaften müssen die GuV-Rechnung nicht veröffentlichen.

In Handelsunternehmen werden die Bestandsänderungen (Position 2) nicht gesondert ausgewiesen. Sie sind in der Position 5 (Materialaufwand = Wareneinsatz) enthalten (▶ **Tafel 5**).

In Deutschland wird die GuV-Rechnung mehrheitlich nach dem Gesamtkostenverfahren erstellt.

## Umsatzkostenverfahren

Gemäß § 275 Abs. 3 HGB darf die GuV-Rechnung auch nach dem **Umsatzkostenverfahren** aufgestellt werden. Im Gegensatz zum Gesamtkostenverfahren finden hier die Bestandsveränderungen an fertigen und unfertigen Erzeugnissen (Position 2) keine Berücksichtigung. Außerdem gliedern sich die betrieblichen Aufwendungen anstatt in „Materialaufwand", „Personalaufwand", „Abschreibungen" und „Sonstige betriebliche Aufwendungen" in „Herstellungskosten", „Vertriebskosten", „Allgemeine Verwaltungskosten" und „Sonstige betriebliche Aufwendungen".

Voraussetzung für die Erstellung einer GuV-Rechnung nach dem Umsatzkostenverfahren ist eine Kostenstellenrechnung (▶ **Tafel 18**).

Das Umsatzkostenverfahren ist besonders in angelsächsischen Ländern verbreitet und wird in erster Linie von Unternehmen angewendet, die international tätig sind.

## GuV-Rechnung nach dem Gesamtkostenverfahren

| | Position | | Kontengruppe / Kontenart |
|---|---|---|---|
| | Betriebliche Erträge (Gesamtleistung) | 1. Umsatzerlöse | 50–51 |
| | | 2. Erhöhung oder Verminderung des Bestandes an unfertigen und fertigen Erzeugnissen | 52 |
| | | 3. Andere aktivierte Eigenleistungen | 53 |
| | | 4. Sonstige betriebliche Erträge | 54 |
| - | Materialaufwand | 5. Materialaufwand: | |
| | | a) Aufwendungen für Roh-, Hilfs- und Betriebsstoffe und für bezogene Waren | 60 |
| | | b) Aufwendungen für bezogene Leistungen | 61 |
| = | **Rohergebnis**[1] | | |
| - | Betriebliche Aufwendungen | 6. Personalaufwand: | |
| | | a) Löhne und Gehälter | 62–63 |
| | | b) Soziale Abgaben und Aufwendungen für Altersversorgung und für Unterstützung, davon für Altersversorgung | 64 |
| | | 7. Abschreibungen: | |
| | | a) auf immaterielle Vermögensgegenstände des Anlagevermögens und Sachanlagen | 65 (ohne 6570) |
| | | b) auf Vermögensgegenstände des Umlaufvermögens, soweit diese die in der Kapitalgesellschaft üblichen Abschreibungen überschreiten | 6570, 7460 |
| | | 8. Sonstige betriebliche Aufwendungen | 66–69 |
| = | **Betriebsergebnis (operatives Ergebnis)[1] (EBIT)[2]** | | |
| +/- | Finanzergebnis | 9. Erträge aus Beteiligungen, davon aus verbundenen Unternehmen | 55 |
| | | 10. Erträge aus anderen Wertpapieren und Ausleihungen des Finanzanlagevermögens, davon aus verbundenen Unternehmen | 56 |
| | | 11. Sonstige Zinsen und ähnliche Erträge, davon aus verbundenen Unternehmen | 57 |
| | | 12. Abschreibungen auf Finanzanlagen und auf Wertpapiere des Umlaufvermögens | 74 (ohne 7460) |
| | | 13. Zinsen und ähnliche Aufwendungen, davon an verbundene Unternehmen | 75 |
| - | Steuern vom Einkommen und vom Ertrag | 14. Steuern vom Einkommen und vom Ertrag | 77 |
| = | **15. Ergebnis nach Steuern** | | |
| - | Sonstige Steuern | 16. Sonstige Steuern | 70 |
| = | **17. Jahresüberschuss / Jahresfehlbetrag** | | |

[1] Diese Zwischenergebnisse müssen gemäß HGB nicht explizit ausgewiesen werden.
[2] EBIT = Earnings Before Interest and Taxes

# Zinsrechnen

## Allgemeine Zinsformel und Rendite

Die **allgemeine Zinsformel** dient der Berechnung der **Stückzinsen**, d.h. den Zinsen für einen Bruchteil des Jahres:

$$\text{Zins (Z)} = \frac{\text{Kapital (K)} \cdot \text{Zinsfuß (p)} \cdot \text{Anlagedauer (t)}}{100 \cdot 360}$$

In der Praxis wird anstatt mit dem Zinsfuß (p) oft mit dem entsprechenden Zinssatz (i) gerechnet, der in Prozenten ausgedrückt wird. Die allgemeine Zinsformel kann daher auch entsprechend umgeformt werden, wobei gilt:

$$\text{Zinssatz (i)} = \frac{\text{Zinsfuß (p)}}{100}$$

Im dargestellten Beispiel wird ein Kapital von 6000,00 € während 120 Tagen mit einem Zinssatz von 4 % verzinst. Der resultierende Zins beträgt 80,00 €.

Durch Umformung der allgemeinen Zinsformel kann die **Renditeformel** hergeleitet werden, wobei der Zins dem erwirtschafteten Ertrag entspricht.

Im dargestellten Beispiel wird mit einem Kapital von 6000,00 € während 120 Tagen ein Ertrag von 80,00 € erwirtschaftet. Die entsprechende Rendite beträgt 4 %.

## Kaufmännische Zinsrechnung

Die Geldinstitute berechnen die Anlagedauer nicht genau nach dem Kalender, sondern sie verwenden dafür die folgenden Regeln: Jeder Monat hat genau 30 Tage, das Jahr folglich nur 360 Tage. Will man die Anzahl Tage bis zum letzten Kalendertag eines bestimmten Monats berechnen, gilt dieser immer als der 30. Tag des Monats. Sowohl für die Zeit vom 20.1. bis 31.1. als auch für die Zeit vom 20.2. bis 28.2. (kein Schaltjahr) rechnet die Bank daher mit 10 Tagen.

## Zinseszins

Wird ein Kapital über mehrere Jahre angelegt, ist der Zinseszins zu berücksichtigen, d.h. am Ende jedes Jahres werden die Zinsen zum Kapital dazugeschlagen und mit diesem im Folgejahr mitverzinst. Diese multiplikative Verknüpfung führt zu einem exponentiellen Wachstum des Kapitals (Zinseszinseffekt). In der nachfolgend hergeleiteten **Zinseszinsformel** steht $K_n$ für die Höhe eines n Jahre mit dem Zinsfuß p verzinsten Anfangskapitals $K_0$:

$$K_1 = K_0 + \frac{K_0 \cdot p}{100} = K_0 \cdot (1 + )\frac{p}{100}$$

$$K_2 = K_1 \cdot (1 + \frac{p}{100}) = K_0 \cdot (1 + \frac{p}{100}) \cdot (1 + \frac{p}{100})$$

$$K_3 = K_2 \cdot (1 + \frac{p}{100}) = K_0 \cdot (1 + \frac{p}{100}) \cdot (1 + \frac{p}{100}) \cdot (1 + \frac{p}{100})$$

$$K_n = K_{n-1} \cdot (1 + \frac{p}{100}) = K_0 \cdot (1 + \frac{p}{100})^n$$

Im dargestellten Beispiel wird ein Kapital von 6000,00 € mit 4 % verzinst. Nach 50 Jahren beträgt das Endkapital 42640,00 €.

## Allgemeine Zinsformel und Rendite

*Allgemeine Zinsformel (Stückzinsen)*

$$\text{Zins} = \frac{\text{Kapital} \cdot \text{Zinsfuß} \cdot \text{Anlagedauer (in Tagen)}}{100 \cdot 360}$$

$$Z = \frac{K \cdot p \cdot t}{100 \cdot 360} = \frac{6000{,}00 \cdot 4 \cdot 120}{100 \cdot 360} = 80{,}00\ €$$

$$\text{Zins} = \frac{\text{Kapital} \cdot \text{Zinssatz} \cdot \text{Anlagedauer (in Tagen)}}{360}$$

$$Z = \frac{K \cdot i \cdot t}{360} = \frac{6000{,}00 \cdot 4\,\% \cdot 120}{360} = 80{,}00\ €$$

*Rendite*

$$\text{Zinssatz} = \frac{\text{Zins} \cdot 360}{\text{Kapital} \cdot \text{Anlagedauer (in Tagen)}}$$

$$\text{Rendite} = \frac{\text{Ertrag} \cdot 360}{\text{Kapital} \cdot \text{Anlagedauer (in Tagen)}}$$

$$R = \frac{E \cdot 360}{K \cdot t} = \frac{80{,}00 \cdot 360}{6000{,}00 \cdot 120} = 0{,}04 = 4\,\%$$

## Kaufmännische Zinsrechnung

1 Jahr = 360 Tage
1 Monat = 30 Tage
Der Letzte eines Monats = Der Dreißigste

Beispiel
14.8. bis 14.12. = *16 + 3 • 30 + 14 = 120 Tage*

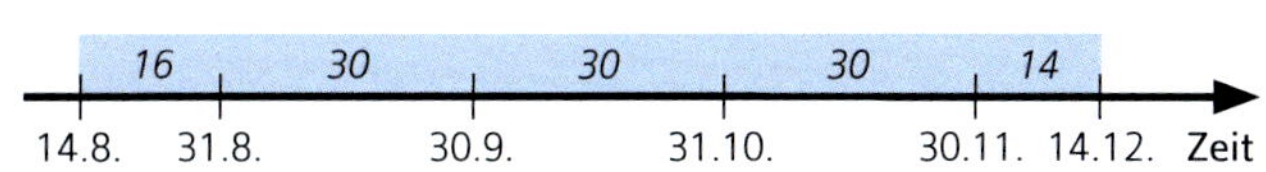


## Zinseszins

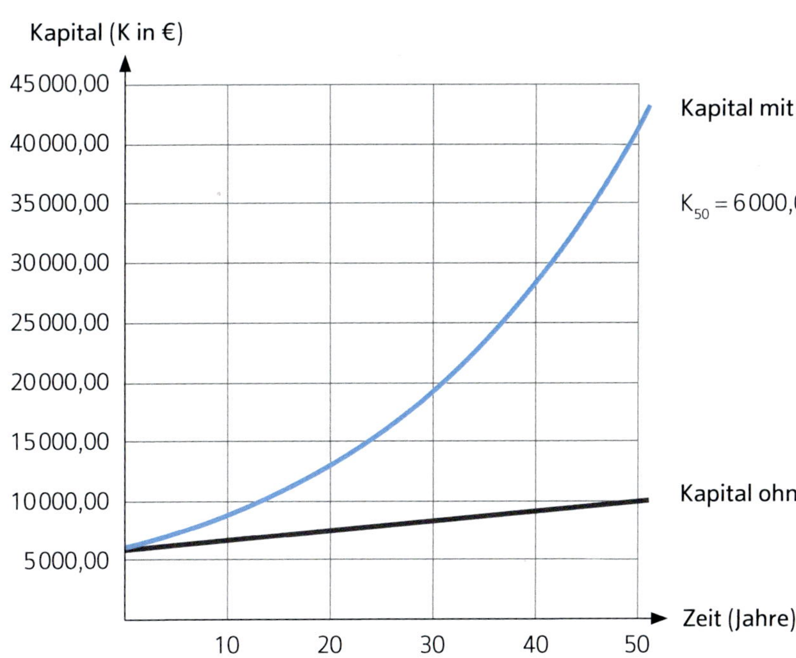


**Kapital mit Zinseszins**

$$K_n = K_0 \cdot \left(1 + \frac{p}{100}\right)^n$$

$$K_{50} = 6000{,}00 \cdot \left(1 + \frac{4}{100}\right)^{50} = 6000{,}00 \cdot 7{,}1066 = 42640{,}00\ €$$

**Kapital ohne Zinseszins**[1]

$$K_n = K_0 + \frac{K_0 \cdot p}{100} \cdot n$$

$$K_{50} = 6000{,}00 + 80{,}00 \cdot 50 = 10000{,}00\ €$$

[1] Ohne Zinseszins erhöht sich das Anfangskapital von 6000,00 € jährlich um 80,00 €, d. h. nach 50 Jahren beträgt das Kapital 10000,00 €.

# Fremde Währungen

## Wechselkurse

Beim Rechnen mit fremden Währungen muss zwischen Sorten und Devisen unterschieden werden. Unter **Sorten** versteht man Bargeld, d. h. sowohl Geldscheine (Noten) als auch Münzen. Der Begriff **Devisen** bezeichnet hingegen das nicht physisch vorhandene Buchgeld. Für Konten in fremder Währung, Schecks, Überweisungen oder Kreditkartenzahlungen gilt daher der Devisenkurs.

Die Begriffe **Kaufkurs** (**Geldkurs**) bzw. **Verkaufskurs** (**Briefkurs**) verstehen sich immer aus der Sicht des Geldinstitutes. Der **Kurs** ist demnach der Preis in einheimischer Währung, den die Bank für eine Einheit der fremden Währung bezahlt bzw. verlangt.

Die Spanne zwischen Kauf- und Verkaufskurs ist bei den Sorten wegen des kostenintensiveren Handels größer. Beim Devisenhandel werden nur Buchungen auf Konten vorgenommen, während für den Handel mit Noten aufwendige Arbeiten und teure Sicherheitsmaßnahmen nötig sind.

Im internationalen Bankverkehr werden zur Bezeichnung der Währung meist die sogenannten **ISO-Währungscodes** verwendet. Die ersten beiden Buchstaben der Abkürzung kennzeichnen in der Regel das Land, der dritte die Währung (z. B. CHF, USD).

## Warenhandel in fremder Währung

Bei der Verbuchung von Fremdwährungspositionen werden in der Regel über eine bestimmte Periode fixe **Stichtagskurse** (1,00 CHF = 1,15 EUR) angewendet. Im dargestellten Beispiel für den **Wareneinkauf** wird die in der fremden Währung fakturierte **Lieferantenrechnung** (100,00 CHF) mit „Aufwendungen für Waren an VLL“ (115,00 EUR) verbucht.

Die **Bezahlung** erfolgt später gemäß einem niedrigeren Tageskurs (100,00 CHF = 1,10 EUR) der Bank: „VLL an Flüssige Mittel“ (110,00 EUR). Der dadurch entstandene **Kursgewinn** wird entsprechend als Aufwandsminderung berücksichtigt: „VLL an Aufwendungen für Waren“ (5,00 EUR). Ein zum Zahlungszeitpunkt entstandener Kursverlust würde als zusätzlicher Aufwand verbucht: „Aufwendungen für Waren an VLL“.

Analog würden bei der Verbuchung des **Warenverkaufs** die **Rechnungen** an den Kunden mit einem niedrigeren Stichtagskurs umgerechnet und mit „FLL an Umsatzerlöse für Waren“ verbucht. Die **Zahlung** des Kunden („Flüssige Mittel an FLL“) würde entweder zu einem **Kursgewinn** („FLL an Umsatzerlöse für Waren“) oder zu einem **Kursverlust** und entsprechender Ertragsminderung („Umsatzerlöse für Waren an FLL“) führen.

Zu beachten ist, dass es sich hier nicht um effektive Gewinne oder Verluste handelt, sondern um sogenannte **Buchgewinne oder -verluste**. Sie entstehen, weil zuvor der Stichtagskurs zu tief oder zu hoch angesetzt wurde.

Am Ende der Periode werden entsprechende Kursgewinne oder -verluste in analoger Weise verbucht, wenn die offenen Rechnungen zu einem vom Stichtagskurs abweichenden **Bilanzkurs** umgerechnet werden.

## Wechselkurse

| Land | Währung | | Sorten Kauf | Sorten Verkauf | Devisen Kauf | Devisen Verkauf |
|---|---|---|---|---|---|---|
| | | | *Geld* | *Brief* | *Geld* | *Brief* |
| Australien | Australischer Dollar | AUD | | | | |
| Brasilien | Brasilianischer Real | BRL | | | | |
| China | Renminbi | CNY | | | | |
| Dänemark | Dänische Krone | DKK | 7,3100 | 7,5500 | 7,4125 | 7,4695 |
| England | Englisches Pfund | GBP | | | | |
| Hongkong | Hongkong-Dollar | HKD | **Bargeld:** Geldscheine (Noten) Münzen | | **Buchgeld:** Fremdwährungskonten Schecks Überweisungen Kreditkartenzahlungen | |
| Indien | Indische Rupie | INR | | | | |
| Japan | Yen | JPY | | | | |
| Kanada | Kanadischer Dollar | CAD | | | | |
| Mexiko | Mexikanischer Peso | MXN | | | | |
| Neuseeland | Neuseeland-Dollar | NZD | | | | |
| Norwegen | Norwegische Krone | NOK | | | | |
| Russland | Rubel | RUB | | | | |
| Schweden | Schwedische Krone | SEK | | | | |
| Schweiz | Schweizer Franken | CHF | | | | |
| Singapur | Singapur-Dollar | SGD | | | | |
| Südafrika | Südafrikanischer Rand | ZAR | | | | |
| USA | US-Dollar | USD | 1,0921 | 1,1221 | 1,1055 | 1,1155 |

## Warenhandel in fremder Währung

### Wareneinkauf

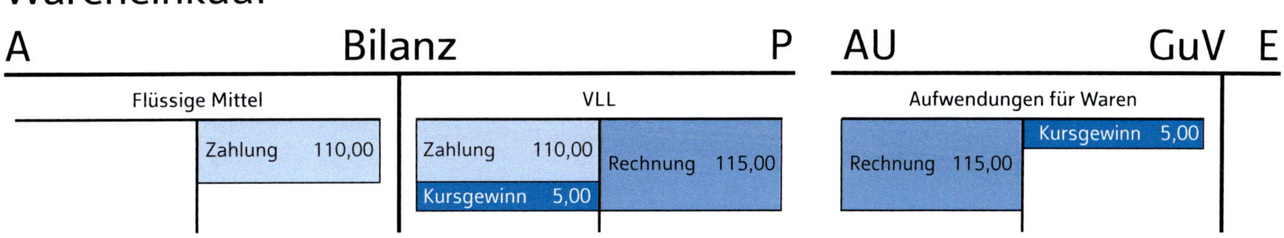


*Rechnung (zum Stichtagskurs)*
Aufwendungen für Waren an VLL 115,00 €

*Kursgewinn*
VLL an Aufwendungen für Waren 5,00 €

*Zahlung (zum Tageskurs)*
VLL an Flüssige Mittel 110,00 €

*Kursverlust*
Aufwendungen für Waren an VLL

### Warenverkauf

*Rechnung (zum Stichtagskurs)*
FLL an Umsatzerlöse für Waren

*Kursgewinn*
FLL an Umsatzerlöse für Waren

*Zahlung (zum Tageskurs)*
Flüssige Mittel an FLL

*Kursverlust*
Umsatzerlöse für Waren an FLL

# Kosten- und Leistungsrechnung (KLR)

Die Finanzbuchführung (FiBu) ermittelt in der GuV-Rechnung durch Gegenüberstellung von Aufwendungen und Erträgen das erwirtschaftete Unternehmungsergebnis. Sie liefert aber keine Informationen über die Wirtschaftlichkeit des Betriebs, einzelner Teilbereiche oder einzelner Produkte. Solche Erkenntnisse werden mittels der **Betriebsbuchführung** (**BeBu**) bzw. in der **Kosten- und Leistungsrechnung** (**KLR**) gewonnen.

## Kostenartenrechnung

In der Kostenartenrechnung werden die Aufwendungen und Erträge erfasst und gegliedert. Nur die **betrieblichen Aufwendungen** (**Zweckaufwand**) werden direkt als sogenannte **Grundkosten** (**aufwandsgleiche Kosten**) in die KLR übernommen.

**Neutrale Aufwendungen** werden in der **Abgrenzungsrechnung** von den ordentlichen Aufwendungen der Finanzbuchhaltung abgegrenzt bzw. neutralisiert, d. h. sie fließen nicht in die KLR ein. Bei neutralen Aufwendungen handelt es sich einerseits um **betriebsfremde Aufwendungen** (10 T€), die nicht mit der Verfolgung des eigentlichen Betriebszwecks anfallen (z. B. Abschreibung und Hypothekenzinsen für ein vermietetes Gebäude), andererseits gibt es auch **betrieblich außerordentliche Aufwendungen** (Zufallsaufwand) (10 T€), die nur einmalig und / oder völlig unerwartet anfallen und untypisch für das normale Betriebsgeschehen sind (z. B. Schaden durch Hochwasser).

Schließlich gibt es auch **als Kosten nicht verrechenbare Aufwendungen**, die nicht in der gleichen Höhe in die KLR übernommen, sondern als sogenannte **Anderskosten** (**aufwandsungleiche Kosten**) kalkuliert werden (z. B. kalkulatorische Abschreibungen anstatt effektive Abschreibungen).

**Echten Zusatzkosten** (**aufwandslose Kosten**) stehen dagegen keine Aufwendungen in der Finanzbuchhaltung gegenüber (z. B. kalkulatorischer Unternehmerlohn, kalkulatorische Zinsen auf das Eigenkapital).

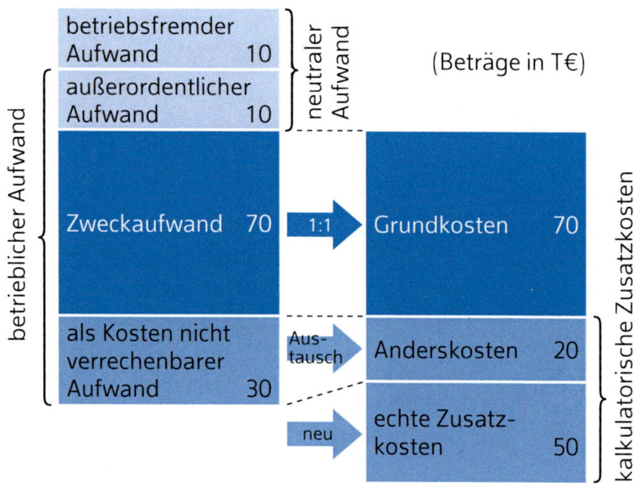


In analoger Weise wie die neutralen Aufwendungen werden auch die **neutralen Erträge** abgegrenzt, d. h. nicht in die KLR übernommen. **Betriebsfremde Erträge** werden nicht durch die eigentliche Betriebstätigkeit verwirklicht, sondern sie entstehen durch die Verfolgung von Nebenzielen (z. B. Erträge aus der Vermietung eines Gebäudes). Auch **betrieblich außerordentliche Erträge** sind nicht Ergebnis des Betriebsprozesses (z. B. Rückerstattung von Steuern).

## Kostenstellenrechnung

Kostenarten, die einzelnen Produkten direkt zugeordnet werden können, werden als **Einzelkosten bzw. direkte Kosten** bezeichnet (z. B. Einstandspreis einer Ware, Fertigungslöhne, Fertigungsmaterial). Dagegen spricht man von **Gemeinkosten** oder **indirekten Kosten**, wenn eine Zurechnung auf Produkte nur indirekt über Umlageverfahren möglich ist (z. B. Miete, Zinsen, Abschreibungen, Hilfsmaterial). Derartige Kosten werden im **Betriebsabrechnungsbogen** (**BAB**) mittels geeigneter Verteilungsschlüssel auf die Bereiche, in denen sie verursacht wurden, verteilt. In kleinen Industrieunternehmen beschränkt man sich vielfach gemäß der Hauptfunktionsbereiche auf die vier **Kostenstellen** „Material“, „Fertigung“, „Verwaltung“ und „Vertrieb“. In größeren Unternehmen werden diese in zusätzliche **Vorkostenstellen** untergliedert.

## Kostenträgerrechnung

Die in der Kostenstellenrechnung ermittelten Zuschlagssätze werden in der Kostenträgerrechnung für die **Kalkulation** pro Produkt angewendet (▶ **Tafel 19**). Die Kostenträgerrechnung dient der Ermittlung von Zielverkaufspreisen bzw. der Überprüfung der Wirtschaftlichkeit einzelner Produkte.

# Kosten- und Leistungsrechnung (KLR)



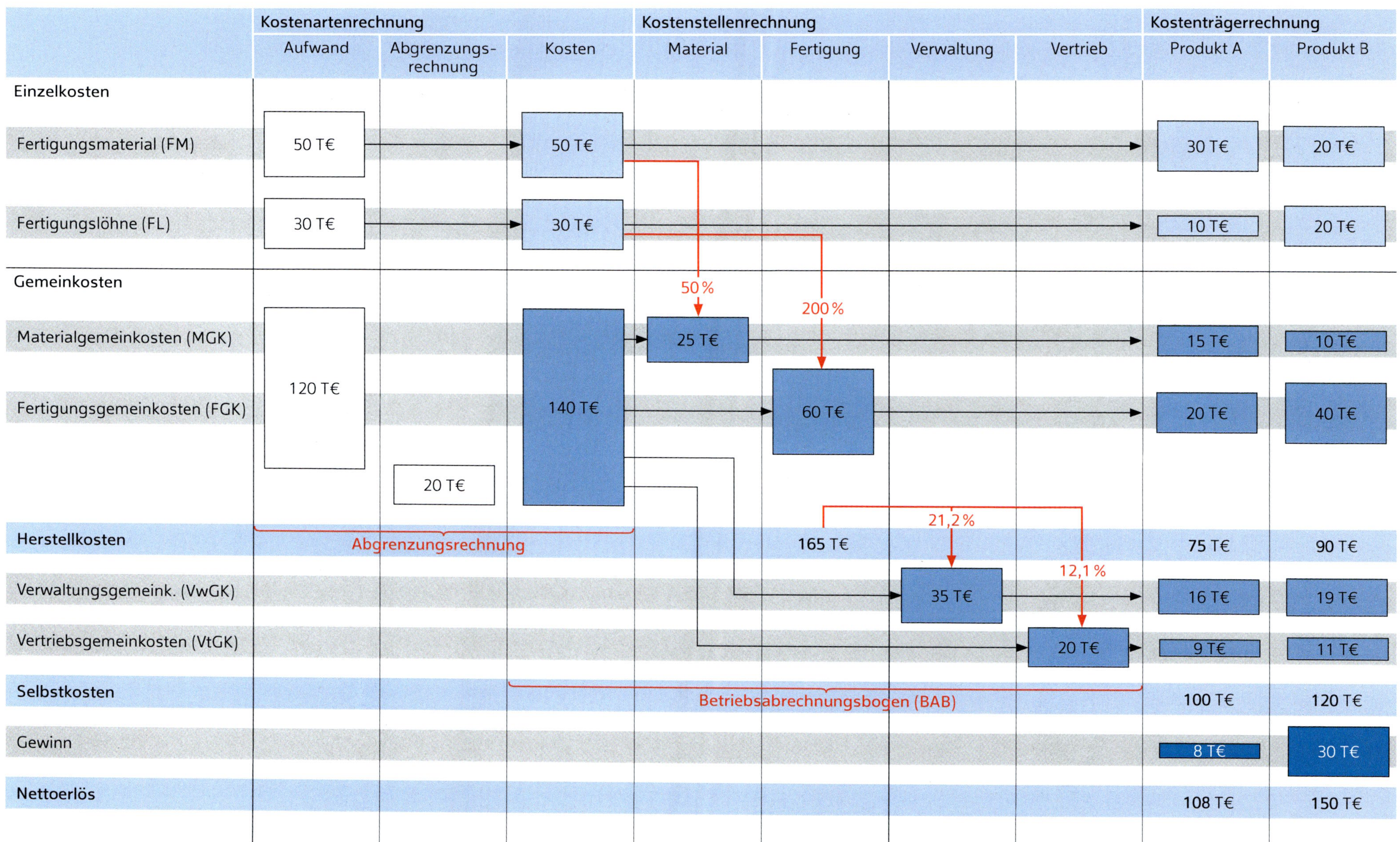

# Kalkulation im Industrie- und Handelsunternehmen

## Industrieunternehmen

Aus der **Kostenstellenrechnung** gemäß **Tafel 18** lassen sich die **Zuschlagssätze** für die Gemeinkosten ableiten. Man spricht dabei von einer **Gesamtkalkulation** bzw. einer **Periodenbetrachtung**, da die Kosten für die ganze Abrechnungsperiode Basis der Kalkulation sind.

$$\text{Materialgemeinkosten-zuschlagssatz (MGKZ)} = \frac{\text{MGK}}{\text{Fertigungsmaterial}} = \frac{25{,}00}{50{,}00} = 50\,\%$$

$$\text{Fertigungsgemeinkosten-zuschlagssatz (FGKZ)} = \frac{\text{FGK}}{\text{Fertigungslöhne}} = \frac{60{,}00}{30{,}00} = 200\,\%$$

$$\text{Verwaltungsgemeinkosten-zuschlagssatz (VwGKZ)} = \frac{\text{VwGKZ}}{\text{Herstellkosten}} = \frac{35{,}00}{165{,}00} = 21{,}2\,\%$$

$$\text{Vertriebsgemeinkosten-zuschlagssatz (VtGKZ)} = \frac{\text{VtGK}}{\text{Herstellkosten}} = \frac{20{,}00}{165{,}00} = 12{,}1\,\%$$

Dabei wird eine unmittelbare Abhängigkeit zwischen der Bezugsgröße (z.B. Fertigungsmaterial) und den darauf bezogenen Gemeinkosten (z.B. Materialgemeinkosten) unterstellt. Dies bedeutet, dass beispielsweise bei einer Erhöhung des Fertigungsmaterialeinsatzes um 10 % dann ebenfalls eine Steigerung der Materialgemeinkosten um 10 % unterstellt wird.

In der **Kostenträgerrechnung** wird im dargestellten Beispiel der Gewinn für das Produkt A ermittelt. Da es sich hier um eine **Stückbetrachtung** handelt, spricht man auch von einer **Einzelkalkulation**. Im Beispiel erfolgt auf das Fertigungsmaterial (30,00 €) ein Zuschlag von 50 % für die Materialgemeinkosten (15,00 €) und auf die Fertigungslöhne (10,00 €) werden 200 % Fertigungsgemeinkosten (20,00 €) zugeschlagen. Die daraus resultierenden Herstellkosten (75,00 €) bilden die Basis für die Zuschläge von 21,2 % Verwaltungsgemeinkosten (16,00 €) sowie 12,1 % Vertriebsgemeinkosten (9,00 €). Damit ergeben sich für das Produkt A Selbstkosten in Höhe von 100,00 €.

$$\text{MGK} = \text{Fertigungsmaterial} \cdot \text{MGKZ} = 30{,}00 \cdot 50\,\% = 15{,}00\,€$$

$$\text{FGK} = \text{Fertigungslöhne} \cdot \text{FGKZ} = 10{,}00 \cdot 200\,\% = 20{,}00\,€$$

$$\text{VwGK} = \text{Herstellkosten} \cdot \text{VwGKZ} = 75{,}00 \cdot 21{,}2\,\% = 16{,}00\,€$$

$$\text{VtGK} = \text{Herstellkosten} \cdot \text{VtGKZ} = 75{,}00 \cdot 12{,}1\,\% = 9{,}00\,€$$

Bei einem angenommenen Listenverkaufspreis von 122,24 € errechnet sich nach Abzug von Kundenrabatt (6,11 €), Vertreterprovision (4,65 €) und Kundenskonto (3,48 €) ein Barverkaufspreis von 108,00 €. Der Gewinn für das Produkt A beträgt folglich 8,00 €.

## Handelsunternehmen

Wie im Industrieunternehmen werden die Zuschlagssätze für die Handelskalkulation in der **Kostenstellenrechnung** ermittelt. Ausgehend von einem Nettoerlös von 6000,00 € und einem Wareneinsatz von 4000,00 € gemäß der **Periodenbetrachtung** (Gesamtkalkulation) aus **Tafel 5** ergeben sich die folgenden Sätze:

$$\text{Kalkulations-zuschlag} = \frac{\text{Rohgewinn}}{\text{Wareneinsatz}} = \frac{6000{,}00 - 4000{,}00}{4000{,}00} = 50{,}00\,\%$$

$$\text{Handels-spanne} = \frac{\text{Rohgewinn}}{\text{Barverkaufspreis}} = \frac{6000{,}00 - 4000{,}00}{6000{,}00} = 33{,}33\,\%$$

Bei angenommenen Gemeinkosten bzw. Handlungskosten (HK) in der Höhe von 1 200,00 € beträgt der Handlungskostenzuschlagssatz (HKZ) 30 %.

$$\text{Handlungskosten-zuschlagssatz (HKZ)} = \frac{\text{Handlungskosten (HK)}}{\text{Wareneinsatz}} = \frac{1\,200{,}00}{4000{,}00} = 30{,}00\,\%$$

In der **Stückbetrachtung** (Einzelkalkulation) ergeben sich für das dargestellte Produkt ausgehend von einem Bezugspreis von 5,00 € und dem Handlungskostenzuschlagsatz von 30 % Handlungskosten pro Stück in Höhe von 1,50 €. Die Selbstkosten betragen 6,50 €.

$$\text{Handlungskosten-zuschlagssatz (HKZ)} = \frac{\text{HK pro Stück}}{\text{Bezugspreis}} = \frac{1{,}50}{5{,}00} = 30{,}00\,\%$$

$$\text{HK pro Stück} = \text{Bezugspreis} \cdot \text{HKZ} = 5{,}00 \cdot 30\,\% = 1{,}50\,€$$

Unter Anwendung des Kalkulationszuschlags von 50 % errechnet sich bei einem Bezugspreis von 5,00 € ein Stückrohgewinn von 2,50 €. Der Barverkaufspreis beträgt folglich 7,50 € und der Gewinn pro Stück liegt bei 1,00 €.

$$\text{Kalkulations-zuschlag} = \frac{\text{Stückrohgewinn}}{\text{Bezugspreis}} = \frac{2{,}50}{5{,}00} = 50{,}00\,\%$$

$$\text{Handels-spanne} = \frac{\text{Stückrohgewinn}}{\text{Barverkaufspreis}} = \frac{2{,}50}{7{,}50} = 33{,}33\,\%$$

# Kalkulation im Industrie- und Handelsunternehmen

## Industrieunternehmen

| | | | | | | |
|---|---|---|---|---|---|---|
| | Fertigungsmaterial (FM) | 30,00 € | 100 % | | | |
| + | Materialkosten (MGK) | 15,00 € | 50 % | | | |
| + | Fertigungslöhne (FL) | 10,00 € | 100 % | | | |
| + | Fertigungsgemeinkosten (FGK) | 20,00 € | 200 % | | | |
| = | **Herstellkosten** | **75,00 €** | | 100 % | | |
| + | Verwaltungsgemeinkosten (WvGK) | 16,00 € | | 21.2 % | | |
| + | Vertriebsgemeinkosten (VtGK) | 9,00 € | | 12.1 % | | |
| = | **Selbstkosten** | **100,00 €** | | 133 % | 100 % | |
| + | Gewinn | 8,00 € | | | 8 % | |
| = | **Barverkaufspreis** | **108,00 €** | | | 108 % | 93 % |
| + | Kundenskonto | 3,48 € | | | | 3 % |
| + | Vertreterprovision | 4,65 € | | | | 4 % |
| = | **Zielverkaufspreis** | **116,13 €** | | | | 100 % | 95 % |
| + | Kundenrabatt | 6,11 € | | | | | 5 % |
| = | **Listenverkaufspreis** | **122,24 €** | | | | | 100 % |

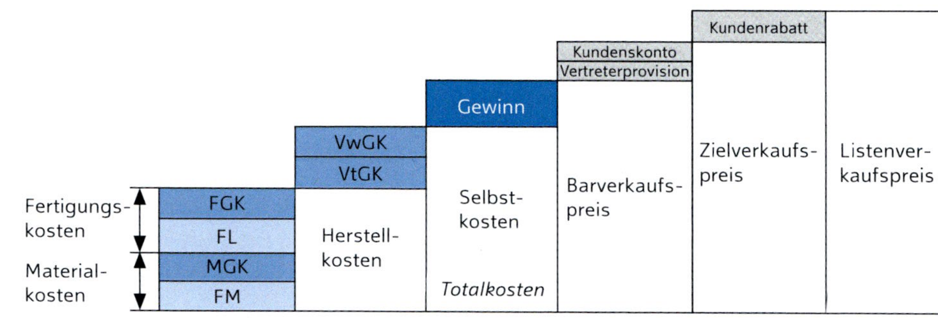


## Handelsunternehmen

| | | | | | | | |
|---|---|---|---|---|---|---|---|
| | Listeneinkaufspreis | 5,50 € | 100 % | | | | |
| − | Lieferantenrabatt | 0,55 € | 10 % | | | | |
| = | **Zieleinkaufspreis** | **4,95 €** | 95 % | 100 % | | | |
| − | Lieferantenskonto | 0,15 € | | 3.0 % | | | |
| + | Bezugskosten | 0,20 € | | | | | |
| = | **Bezugspreis (Einstandspreis)** | **5,00 €** | 100 % | | | | |
| + | Handlungskosten (HK) (Gesamtkosten) | 1,50 € | 30 % | | | | |
| = | **Selbstkosten** | **6,50 €** | 130 % | 100 % | | | |
| + | Gewinn | 1,00 € | | 15 % | | | |
| = | **Barverkaufspreis** | **7,50 €** | | 115 % | 93 % | | |
| + | Kundenskonto | 0,24 € | | | 3 % | | |
| + | Vertreterprovision | 0,32 € | | | 4 % | | |
| = | **Zielverkaufspreis** | **8,06 €** | | | 100 % | 95 % | |
| + | Kundenrabatt | 0,42 € | | | | 5 % | |
| = | **Listenverkaufspreis** | **8,49 €** | | | | 100 % | |

| | | | | |
|---|---|---|---|---|
| | **Bezugspreis (Einstandspreis)** | **5,00 €** | 100 % | 66,7 % |
| + | Stückrohgewinn | 2,50 € | 50 % | 33,3 % |
| = | **Barverkaufspreis** | **7,50 €** | 150 % | 100 % |

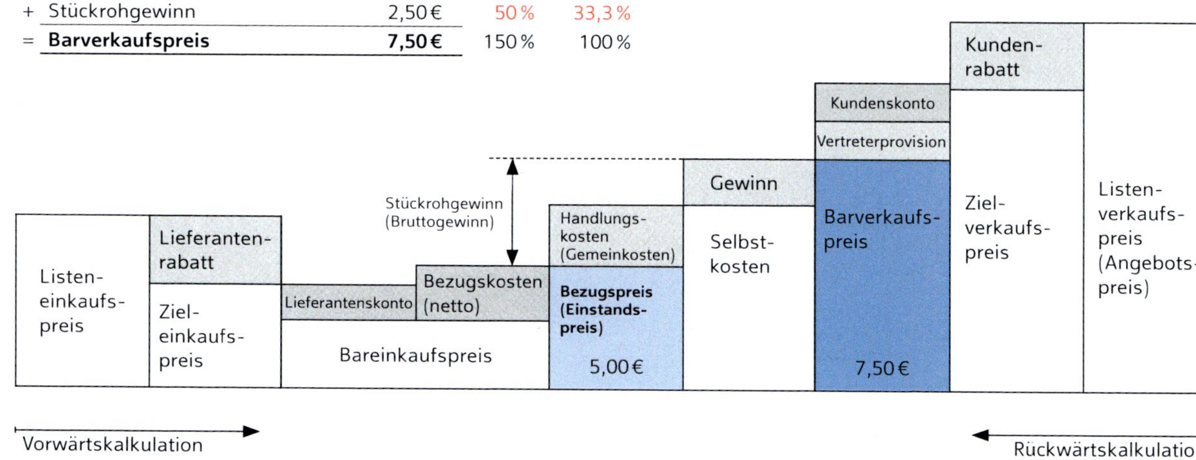

# Fixe und variable Kosten/Gewinnschwelle

Während es bei der Unterscheidung der Selbstkosten in Einzel- und Gemeinkosten um die Zurechenbarkeit der Kosten auf das Produkt geht ▶ **Tafel 18**, wird die Trennung in fixe und variable Kosten aufgrund ihrer Abhängigkeit vom Umsatz, d. h. der verkauften bzw. produzierten Menge an Produkten, getroffen.

## Fixe Kosten

**Fixe Kosten** sind unabhängig vom erzielten Umsatz immer gleich hoch (z. B. Miete, Zinsen, Abschreibungen, Löhne). Sie werden auch „Kosten der Betriebsbereitschaft" genannt, da sie unabhängig von der verkauften bzw. produzierten Menge mit der Bereitstellung einer bestimmten Kapazität anfallen. Natürlich gilt dies nur innerhalb gewisser Umsatzbandbreiten. Müssen beispielsweise ab einem bestimmten Umsatz neue Räume gemietet oder neue Mitarbeiter eingestellt werden, hat dies Kostensprünge zur Folge. Man spricht dann auch von sprungfixen Kosten. Der Einfachheit halber wird im dargestellten Zahlenbeispiel von absolut fixen Kosten ausgegangen.

## Variable Kosten

**Variable Kosten** erhöhen sich mit steigendem Umsatz (z. B. Einstandspreis, Einzelmaterial, Einzellöhne). Progressive Kosten erhöhen sich bei steigender Produktions- oder Absatzmenge überproportional. Sie können beispielsweise durch Schichtzulagen bei Mehrarbeit entstehen. Im Fall von Mengenrabatten beim Einkauf von Waren stellt sich ein degressiver Kostenverlauf ein, d. h. der Anstieg der Kosten verringert sich mit zunehmender Menge. Im dargestellten Zahlenbeispiel wird von proportionalen Kosten ausgegangen.

## Deckungsbeitrag und Gewinnschwelle (Break-even-Point)

Die Differenz zwischen dem Nettoerlös und den variablen Kosten ergibt den **Deckungsbeitrag** (DB), d. h. den Beitrag, der der Deckung der fixen Kosten dient. Unter der Annahme, dass im Handelsunternehmen nur der Bezugspreis (Einstandspreis) variabel ist, entspricht dort der Deckungsbeitrag dem **Rohgewinn** (Bruttogewinn). ▶ **Tafeln 15 und 18**.

Im dargestellten Beispiel eines Industrieunternehmens übersteigt bei einem Umsatz von 100 Stück der Deckungsbeitrag die fixen Kosten, d. h. es resultiert ein Reingewinn. Bei 20 Stück hingegen reicht der Deckungsbeitrag nicht zur Deckung der gesamten fixen Kosten aus, es entsteht ein Verlust. Die **Gewinnschwelle (Break-even-Point)**, d. h. der Punkt, bei dem weder Gewinn noch Verlust entsteht, liegt bei 50 Stück. Der Deckungsbeitrag entspricht bei dieser Menge genau den fixen Kosten bzw. der Nettoerlös ist so groß wie die Selbstkosten (Gesamtkosten). Rechnerisch ergibt sich im dargestellten Beispiel die mengenmäßige Gewinnschwelle daher durch Division der fixen Kosten durch den Deckungsbeitrag pro Stück. Letzterer entspricht der Differenz zwischen Stückpreis (7,00 €) und variablen Stückkosten (5,00 €) und ist daher bei jeder Menge immer gleich groß (2,00 €).

# Fixe und variable Kosten / Gewinnschwelle



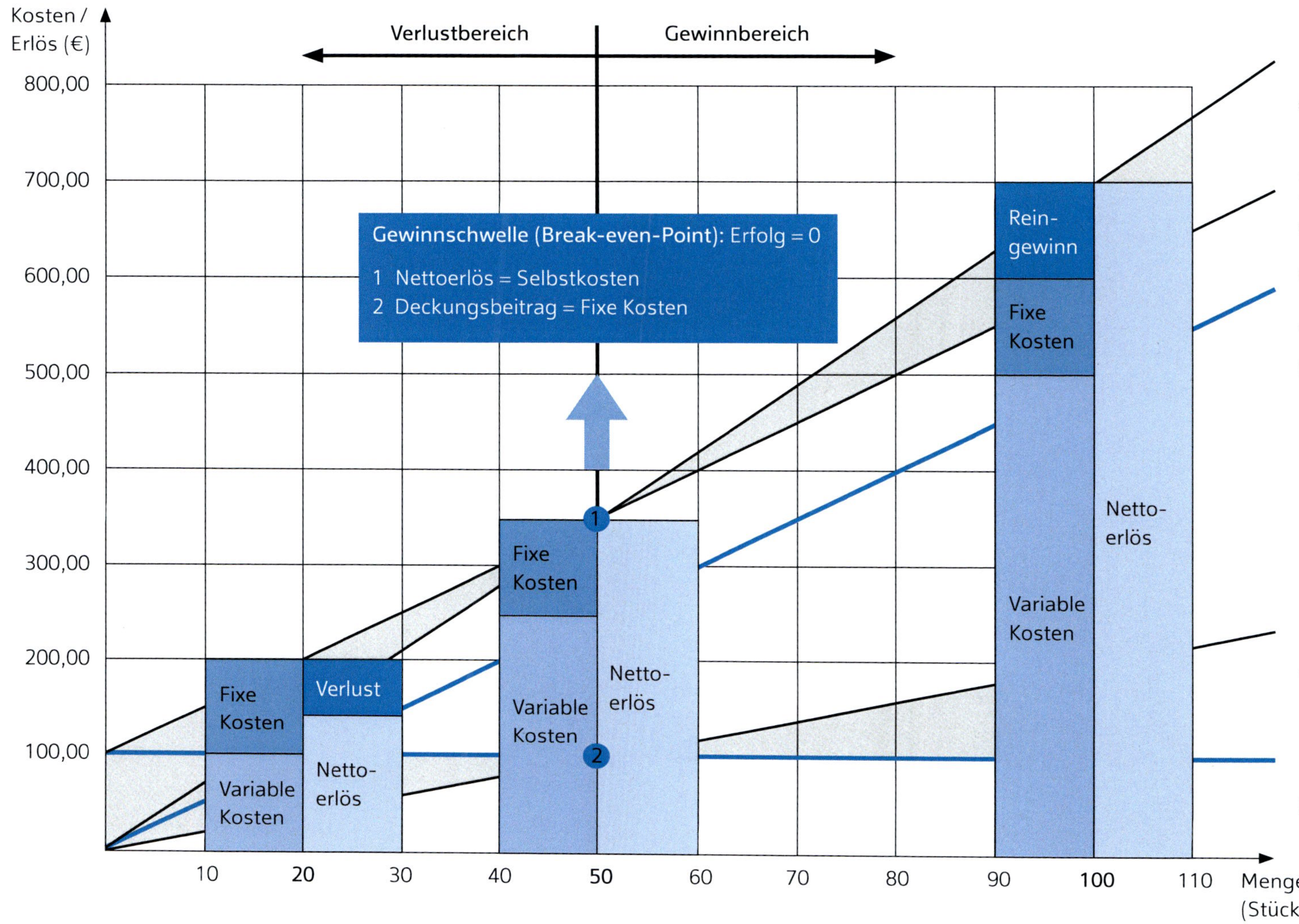


## Nettoerlös E
= Menge x • Stückpreis e

## Selbstkosten K *(Gesamtkosten)*
= Fixe Kosten $K_f$ + Variable Kosten $K_v$

## Variable Kosten $K_v$
= Menge x • Variable Stückkosten $k_v$

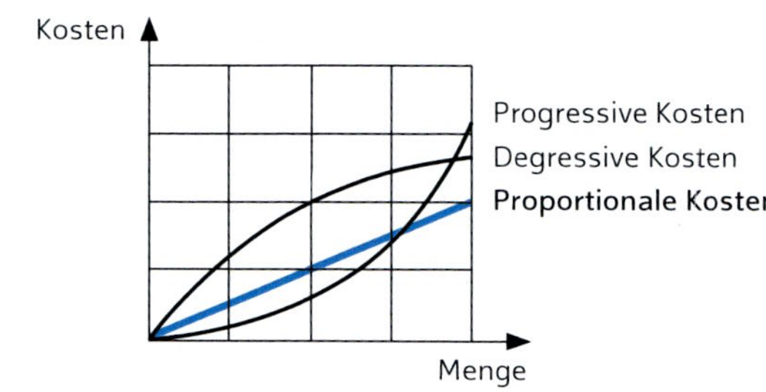


## Deckungsbeitrag DB
= Nettoerlös E – Variable Kosten $K_v$

## Fixe Kosten $K_f$

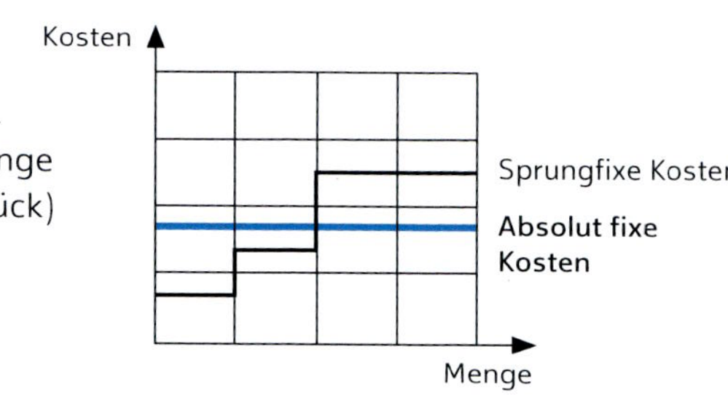


| | |
|---|---|
| Fixe Kosten $K_f$ | 100,00 € |

| | |
|---|---|
| Stückpreis e | 7,00 € |
| – Variable Stückkosten $k_v$ | 5,00 € |
| = Deckungsbeitrag pro Stück dB | 2,00 € |

**Berechnung der Gewinnschwelle (Break-even-Point)**

$$\text{Gewinnschwelle} = \frac{\text{Fixe Kosten}}{\text{Deckungsbeitrag pro Stück}} = \frac{100{,}00}{2{,}00} = 50 \text{ Stk.}$$

# Analyse von Bilanz und Gewinn- und Verlustrechnung

Durch die Analyse von Bilanz und Gewinn- und Verlustrechnung mittels Kennzahlen können in konzentrierter Form Erkenntnisse über die finanzielle Lage eines Unternehmens gewonnen werden. Kennzahlen entstehen v. a. durch das Bilden von Verhältnissen zwischen verschiedenen Teilen der Bilanz und der Gewinn- und Verlustrechnung.

Für die Beurteilung dieser Kennzahlen fehlt allerdings ein objektiver Maßstab, d. h. die Angabe von Richtwerten ist kaum möglich. Sinnvollerweise vergleicht man daher die berechneten Werte einerseits über mehrere Perioden und andererseits mit denen von Konkurrenzunternehmen oder mit überbetrieblichen Branchendurchschnittswerten.

## Bilanzkennzahlen

Die Ausgestaltung der **Vermögens- und Kapitalstruktur** (1 bis 4) ist stark branchenabhängig. Generell ist die Eigenkapitalintensität (Eigenfinanzierungsgrad) bei Industrieunternehmen höher als bei Handelsunternehmen, da bei Erstgenannten häufig auch ein im Verhältnis zum Gesamtvermögen größeres Anlagevermögen finanziert werden muss.

Nach der sogenannten **goldenen Bilanzregel** soll langfristig gebundenes Anlagevermögen mit langfristigem Kapital finanziert werden (Fristenkongruenz). Dies bedeutet, dass die **Anlagendeckung II** mindestens 100 % betragen sollte.

Umgekehrt müssen mit den kurzfristig verfügbaren Mitteln die kurzfristig fälligen Verbindlichkeiten beglichen werden können. Um der Gefahr einer Zahlungsunfähigkeit vorzubeugen, sollte die **Liquidität 2. Grades** daher 100 % übersteigen.

## Rentabilität

Rentabilitätskennzahlen (5) verknüpfen Bilanz- und Gewinn- und Verlustrechnungsdaten und gehören zu den wichtigsten analytischen Größen.

Eine ausreichende **Rentabilität** dient der Sicherung des langfristigen Unternehmensfortbestandes. Zum einen erwarten Eigenkapitalgeber eine angemessene Verzinsung des zur Verfügung gestellten Kapitals, zum anderen begünstigen zurückbehaltene Gewinne das Unternehmenswachstum (Selbstfinanzierung).

## Wirtschaftlichkeit

Bei der Analyse der **Wirtschaftlichkeit** (6) geht es um Vergleiche zwischen wertmäßigem Leistungseinsatz und wertmäßigem Leistungsergebnis. In Handelsunternehmen ist das Verhältnis von Rohgewinn (Bruttogewinn) zum Wareneingang bzw. zum Warenverkauf eine wichtige Beurteilungsgröße ▶ **Tafel 19**.

# Analyse von Bilanz und Gewinn- und Verlustrechnung



## Bilanz

| A | | | P | | |
|---|---|---|---|---|---|
| **Anlagevermögen** | | | **Eigenkapital** | | |
| Technische Anlagen und Maschinen | 10 | | Gezeichnetes Kapital | 30 | |
| Betriebs- und Geschäftsausstattung | 30 | 40 | Gesetzliche Gewinnrücklagen | 9 | |
| | | | Gewinnvortrag | 6 | 45 |
| **Umlaufvermögen** | | | **Fremdkapital** | | |
| Warenbestand | 28 | | Anleihen[1] | 25 | |
| FLL | 24 | | Kurzfristige Bankverbindlichkeiten | 11 | |
| Flüssige Mittel | 8 | 60 | VLL | 19 | 55 |

## Gewinn- und Verlustrechnung

| AU | | | E | |
|---|---|---|---|---|
| Aufwendungen für Waren (Wareneingang) | 120 | | Umsatzerlöse für Waren (Warenverkauf) | 200 |
| Löhne | 60 | | | |
| Abschreibungen | 4 | | | |
| Miete | 9 | | | |
| Zinsaufwendungen | 2 | 195 | | |
| Jahresüberschuss (Reingewinn) | | 5 | | |

alle Beträge in T €

## Vermögensstruktur (1)

**Konstitution** $= \frac{\text{Anlagevermögen}}{\text{Umlaufvermögen}} = \frac{40}{60} = 66{,}67\,\%$

**Anlagevermögensintensität** $= \frac{\text{Anlagevermögen}}{\text{Gesamtvermögen}} = \frac{40}{100} = 40\,\%$

## Liquidität (3)

**Liquidität 1. Grades** (Cash ratio) $= \frac{\text{Flüssige Mittel}}{\text{Kurzfristiges FK}} = \frac{8}{30} = 26{,}7\,\%$

**Liquidität 2. Grades** (Quick ratio) $= \frac{\text{Flüssige Mittel + Kfr. Forderungen}}{\text{Kurzfristiges FK}} = \frac{8+24}{30} = 106{,}7\,\%$

**Liquidität 3. Grades** (Current ratio) $= \frac{\text{Umlaufvermögen}}{\text{Kurzfristiges FK}} = \frac{60}{30} = 200\,\%$

## Rentabilität (5)

**Eigenkapitalrentabilität** $= \frac{\text{Jahresüberschuss}}{\text{ø Eigenkapital}} = \frac{5}{45} = 11{,}1\,\%$

**Gesamtkapitalrentabilität** $= \frac{\text{Jahresüberschuss + FK-Zinsen}}{\text{ø Gesamtkapital}} = \frac{5+2}{100} = 7\,\%$

## Kapitalstruktur (2)

**Eigenkapitalintensität** $= \frac{\text{Eigenkapital}}{\text{Gesamtkapital}} = \frac{45}{100} = 45\,\%$

**Fremdkapitalintensität** $= \frac{\text{Fremdkapital}}{\text{Gesamtkapital}} = \frac{55}{100} = 55\,\%$

**Selbstfinanzierungsgrad** $= \frac{\text{Zuwachskapital}}{\text{Eigenkapital}} = \frac{9+6}{45} = 33{,}33\,\%$

## Anlagedeckung (4)

**Anlagendeckung I** $= \frac{\text{Eigenkapital}}{\text{Anlagevermögen}} = \frac{45}{40} = 112{,}50\,\%$

**Anlagendeckung II** $= \frac{\text{Eigenkapital + Langfristiges FK}}{\text{Anlagevermögen}} = \frac{70}{40} = 175\,\%$

## Wirtschaftlichkeit (6)

**Wirtschaftlichkeit** $= \frac{\text{Erträge}}{\text{Aufwendungen}} = \frac{200}{195} = 102{,}56\,\%$

**Kalkulationszuschlag** $= \frac{\text{Rohgewinn}^{2}}{\text{Wareneingang}} = \frac{80}{120} = 66{,}67\,\%$

**Handelsspanne** $= \frac{\text{Rohgewinn}^{2}}{\text{Warenverkauf}} = \frac{80}{200} = 40\,\%$

[1] Langfristig

[2] Rohgewinn = Warenverkauf − Wareneingang = 200 − 120 = 80

# Kapitalflussrechnung (Geldflussrechnung)

Neben Bilanz und Gewinn- und Verlustrechnung bildet die Kapitalflussrechnung ein drittes wichtiges Instrument zur Beurteilung der finanziellen Lage eines Unternehmens.

Gegenstand der Berechnungen ist die **Liquidität**, die als **Fonds** definiert wird. Üblicherweise besteht dieser aus allen flüssigen Mitteln. Man spricht in diesem Fall von Geldflussrechnungen. Je nach Informationsbedürfnissen kann der Fonds aber auch anders zusammengesetzt werden, beispielsweise in Form des **Nettoumlaufvermögens** als Differenz des Umlaufvermögens abzüglich der kurzfristigen Verbindlichkeiten.

Die Kapitalflussrechnung zeigt, woher die finanziellen Mittel stammen (Mittelherkunft) bzw. wofür sie verwendet werden (Mittelverwendung). Dabei sind die nachfolgend beschriebenen Gründe für solche Fondsveränderungen denkbar.

## Cashflow (Innenfinanzierung)

Buchungen zwischen einem Fondskonto der Bilanz und einem Erfolgskonto sind sogenannte „liquiditätswirksame Erträge" bzw. „liquiditätswirksame Aufwendungen".

Ihre Differenz wird als **Cashflow** (1) bezeichnet (**direkte Berechnung**). Da diese Mittel durch das Unternehmen selbst erwirtschaftet werden, spricht man auch von „Mittelzufluss aus betrieblicher Umsatztätigkeit" oder **Innenfinanzierung**.

Der Cashflow (7) lässt sich auch **indirekt** errechnen, indem zum Reingewinn (5) alle nicht liquiditätswirksamen Aufwendungen (z.B. Abschreibungen) (6) addiert und davon sämtliche nicht liquiditätswirksamen Erträge (z.B. Auflösung von Rückstellungen) (4) subtrahiert werden.

Ein negativer Cashflow wird **Cashloss** (oder Cashdrain) genannt.

## Außenfinanzierung und Definanzierung

Kommen die Mittel von Dritten bzw. werden sie an diese zurückbezahlt, spricht man von **Außenfinanzierung** (2) (z.B. Ausgabe einer Anleihe) (6) bzw. **Definanzierung** (5) (z.B. Rückzahlung einer Bankverbindlichkeit) (5). Durch solche Vorgänge wird die Bilanzsumme beeinflusst, da buchhalterisch immer sowohl ein Aktiv- als auch ein Passivkonto betroffen sind.

Die **Gewinnausschüttung** (6) (3) bildet einen Spezialfall eines Definanzierungsvorganges.

## Investition und Deinvestition

Bei **Investitionsvorgängen** (4) (z.B. Barkauf einer Maschine) (12) bzw. **Desinvestitionsvorgängen** (3) (z.B. Verkauf eines Fahrzeuges) (3) handelt es sich buchhalterisch um einen Aktivtausch zwischen einem Fondskonto und einem Konto des übrigen Vermögens. Die Bilanzsumme bleibt dadurch unverändert.

# Kapitalflussrechnung (Geldflussrechnung)



**Eröffnungsbilanz**

| A | | P | |
|---|---|---|---|
| Fonds | 8 | Gezeichnetes Kapital | 6 |
| Maschinen | 15 | Gesetzliche Gewinnrücklage | 2 |
| Fuhrpark | 5 | Gewinnvortrag | 1 |
| | | Rückstellungen | 4 |
| | | Anleihen | 10 |
| | | Bankverbindlichkeiten | 5 |

**Schlussbilanz I**

| A | | P | |
|---|---|---|---|
| Fonds | 7 | Gezeichnetes Kapital | 6 |
| Maschinen | 21 | Gesetzliche Gewinnrücklage | 2 |
| Fuhrpark | 2 | Gewinnvortrag | 1 |
| | | Rückstellungen | 0 |
| | | Anleihen | 16 |
| | | Bankverbindlichkeiten | 0 |
| | | Reingewinn | 5 |

**Schlussbilanz II**

| A | | P | |
|---|---|---|---|
| Fonds | 4 | Gezeichnetes Kapital | 6 |
| Maschinen | 21 | Gesetzliche Gewinnrücklage | 4 |
| Fuhrpark | 2 | Gewinnvortrag | 1 |
| | | Rückstellungen | 0 |
| | | Anleihen | 16 |
| | | Bankverbindlichkeiten | 0 |

**Gewinn- und Verlustrecnung**

| AU | | E | |
|---|---|---|---|
| Liquiditätswirksame Aufwendungen | 19 | Liquiditätswirksame Erträge | 26 |
| Abschreibung Maschine [1] | 6 | Cashflow | 7 |
| Reingewinn | 4 | Auflösung Rückstellung [2] | 5 |

| Fuhrpark | | Maschinen | | Rückstellungen (RS) | | Bankverbindlichkeiten | | Anleihen | | Reserven | |
|---|---|---|---|---|---|---|---|---|---|---|---|
| AB | 5 | AB | 15 | AB | 4 | AB | 5 | AB | 10 | AB | 2 |
| Verkauf | – 3 | Kauf | 12 | Auflösung | – 4 | Rückzahlung | – 5 | Ausgabe | 6 | Reingewinn | 5 |
| SB | 2 | Abschreibung | – 6 | SB | 0 | SB | 0 | SB | 16 | Gewinnausschüttung | – 3 / 2 |
| | | SB | 21 | | | | | | | SB | 4 |

**Kapitalflussrechnung**

| | Mittelherkunft | | Mittelverwendung | | |
|---|---|---|---|---|---|
| Innenfinanzierung (Cashflow) (1) | Reingewinn 5<br>+ Abschreibung 6<br>– Auflösung Rückstellung (RS) 4 | 7 | Gewinnausschüttung | 3 | (6) Definanzierung |
| | | | Rückzahlung Bankverbindlichkeit | 5 | (5) Definanzierung |
| Außenfinanzierung (2) | Begebung Anleihe | 6 | | | |
| Deinvestition (3) | Verkauf Fahrzeug | 3 | Kauf Maschine | 12 | (4) Investition |
| | Fondsabnahme | 4 | | | |

alle Beträge in T €

[1] Nicht liquiditätswirksamer Aufwand
[2] Nicht liquiditätswirksamer Ertrag

# Industriekontenrahmen (IKR) – gekürzt und vereinfacht

## 0 Immaterielle Vermögensgegenstände und Sachanlagen

**00 Ausstehende Einlagen**
0000 Ausstehende Einlagen

**02 Konzessionen und Lizenzen**
0200 Konzessionen und Lizenzen

**03 Geschäfts- oder Firmenwert**
0300 Geschäfts- oder Firmenwert

**05 Grundstücke und Gebäude**
0500 Unbebaute Grundstücke
0510 Bebaute Grundstücke
0550 Andere Bauten

**07 Technische Anlagen und Maschinen**
0700 Technische Anlagen und Maschinen
0780 Geringwertige Anlagen und Maschinen
0790 Sammelposten Anlagen und Maschinen (150,01 € bis 1 000,00 €)

**08 Betriebs- und Geschäftsausstattung (BGA)**
0820 Werkzeuge
0830 Lager- und Transporteinrichtungen
0840 Fuhrpark
0850 Sonstige Betriebsausstattung
0860 Geschäftsausstattung
0880 Geringwertige Vermögensgegenstände der Betriebs- und Geschäftsausstattung
0890 Sammelposten BGA (150,01 € bis 1 000,00 €)

**09 Geleistete Anzahlungen und Anlagen im Bau**
0900 Geleistete Anzahlungen auf Sachanlagen
0950 Anlagen im Bau

## 1 Finanzanlagen

**13 Beteiligungen**
1300 Beteiligungen

**15 Wertpapiere des Anlagevermögens**
1500 Wertpapiere des Anlagevermögens

**16 Sonstige Finanzanlagen**
1600 Sonstige Finanzanlagen (z. B. Darlehensforderungen)

## 2 Umlaufvermögen und aktive Rechnungsabgrenzung

**20 Roh-, Hilfs- und Betriebsstoffe**
2000 Rohstoffe / Fertigungsmaterial
2020 Hilfsstoffe
2030 Betriebsstoffe

**21 Unfertige Erzeugnisse, unfertige Leistungen**
2100 Unfertige Erzeugnisse
2190 Unfertige Leistungen

**22 Fertige Erzeugnisse und Waren**
2200 Fertige Erzeugnisse
2280 Warenbestand Sammelkonto (Handelswaren)
2281 Warenbestand Warengruppe 1
2282 Warenbestand Warengruppe 2
2285 Warenbestand Warengruppe 5

**23 Geleistete Anzahlungen**
2300 Geleistete Anzahlungen

**24 Forderungen aus Lieferungen und Leistungen**
2400 Forderungen aus Lieferungen und Leistungen (FLL)
2401 Einzelwertberichtigungen auf Forderungen (Delkredere)
2402 Pauschalwertberichtigungen auf Forderungen
2470 Zweifelhafte Forderungen

**26 Sonstige Vermögensgegenstände**
2600 Vorsteuer
2640 SV-Beitragsvorauszahlung
2650 Forderungen an Mitarbeiter
2680 Geldtransit
2690 Übrige sonstige Forderungen

**27 Wertpapiere des Umlaufvermögens**
2700 Wertpapiere des Umlaufvermögens

**28 Flüssige Mittel**
2800 Guthaben bei Kreditinstituten
2850 Postbank
2860 Schecks
2880 Kasse

**29 Aktive Rechnungsabgrenzung und ggf. Bilanzfehlbetrag**
2900 Aktive Rechnungsabgrenzung
2990 Bilanzfehlbetrag

## 3 Eigenkapital und Rückstellungen

**30 Eigenkapital bei Einzelkaufleuten**
3000 Eigenkapital
3001 Privat

**30 Eigenkapital bei Personengesellschaften**
3000 Kapital Gesellschafter A
3001 Privat Gesellschafter B
3010 Kapital Gesellschafter A
3011 Privat Gesellschafter B
3070 Kommanditkapital Gesellschafter C
3080 Kommanditkapital Gesellschafter D

**30 Eigenkapital bei Kapitalgesellschaften**
3000 Gezeichnetes Kapital (Grundkapital / Stammkapital)

**31 Kapitalrücklagen**
3100 Kapitalrücklagen

**32 Gewinnrücklagen**
3210 Gesetzliche Rücklagen
3230 Satzungsmäßige Rücklagen
3240 Andere Gewinnrücklagen

**33 Ergebnisverwendung**
3310 Gewinnvortrag / Verlustvortrag
3350 Bilanzgewinn / Bilanzverlust
3360 Ergebnisausschüttung

**34 Jahresüberschuss / Jahresfehlbetrag**
3400 Jahresüberschuss / Jahresfehlbetrag

**36 Wertberichtigungen (bei Kapitalgesellschaften als Passivposten in der Bilanz nicht zulässig)**
3610 Wertberichtigungen zu Sachanlagen
3650 Wertberichtigungen zu Finanzanlagen
3670 Einzelwertberichtigung zu Forderungen
3680 Pauschalwertberichtigung zu Forderungen

**37–39 Rückstellungen**
3700 Rückstellungen für Pensionen und ähnliche Verpflichtungen
3800 Steuerrückstellungen
3900 Sonstige Rückstellungen

## 4 Verbindlichkeiten und passive Rechnungsabgrenzung

**41 Anleihen**
4100 Anleihen

**42 Verbindlichkeiten gegenüber Kreditinstituten**
4200 Kurzfristige Bankverbindlichkeiten
4250 Langfristige Bankverbindlichkeiten

**43 Erhaltene Anzahlungen**
4300 Erhaltene Anzahlungen

**44 Verbindlichkeiten aus Lieferungen und Leistungen**
4400 Verbindlichkeiten aus Lieferungen und Leistungen (VLL)

**48 Sonstige Verbindlichkeiten**
4800 Umsatzsteuer
4830 Sonstige Verbindlichkeiten gegenüber Finanzbehörden
4840 Verbindlichkeiten gegenüber Sozialversicherungsträgern
4850 Verbindlichkeiten gegenüber Mitarbeitern
4860 Verbindlichkeiten aus vermögenswirksamen Leistungen
4870 Verbindlichkeiten gegenüber Gesellschaftern
4890 Übrige sonstige Verbindlichkeiten

**49 Passive Rechnungsabgrenzung**
4900 Passive Rechnungsabgrenzung

## 5 Erträge

**50 Umsatzerlöse für eigene Erzeugnisse und andere eigene Leistungen**
5000 Umsatzerlöse für eigene Erzeugnisse
5001 Erlösberichtigungen
5050 Umsatzerlöse für andere eigene Leistungen
5051 Erlösberichtigungen

**51 Umsatzerlöse für Waren und sonstige Umsatzerlöse**
5100 Umsatzerlöse für Waren (Warenverkauf)
5101 Erlösberichtigungen
5190 Sonstige Umsatzerlöse
5191 Erlösberichtigungen

**52 Erhöhung oder Verminderung des Bestandes an unfertigen und fertigen Erzeugnissen**
5210 Bestandsveränderungen an unfertigen Erzeugnissen und nicht abgerechneten Leistungen
5220 Bestandsveränderungen an fertigen Erzeugnissen

**53 Andere aktivierte Eigenleistungen**
5300 Aktivierte Eigenleistungen

**54 Sonstige betriebliche Erträge**
5400 Nebenerlöse (z. B. Mieterträge)
5410 Sonstige Erlöse
5420 Eigenverbrauch (Erzeugnis- / Warenentnahme)
5430 Andere sonstige betriebliche Erträge
5434 Erträge aus Währungskursdifferenzen
5440 Erträge aus Werterhöhungen von Gegenständen des Anlagevermögens (Zuschreibungen)
5450 Erträge aus der Auflösung oder Herabsetzung von Wertberichtigungen auf Forderungen
5460 Erträge aus dem Abgang von Vermögensgegenständen
5480 Erträge aus der Herabsetzung von Rückstellungen
5490 Periodenfremde Erträge

**55 Erträge aus Beteiligungen**
5500 Erträge aus Beteiligungen

**56 Erträge aus anderen Wertpapieren und Ausleihungen des Finanzanlagevermögens**
5600 Erträge aus anderen Finanzanlagen

**57 Sonstige Zinsen und ähnliche Erträge**
5710 Zinserträge
5730 Diskonterträge
5780 Erträge aus Wertpapieren des Umlaufvermögens (aus Verkäufen, Zuschreibungen, Zinsen und Dividenden)
5790 Sonstige zinsähnliche Erträge

## 6 Betriebliche Aufwendungen

**60 Aufwendungen für Roh-, Hilfs- und Betriebsstoffe und für bezogene Waren**
6000 * Aufwendungen für Rohstoffe / Fertigungsmaterial
6010 * Aufwendungen für Vorprodukte / Fremdbauteile
6020 * Aufwendungen für Hilfsstoffe
6030 * Aufwendungen für Betriebsstoffe / Verbrauchswerkzeuge
6040 * Verpackungsmaterial
6050 Energie
6055 Sonstiges Material
6060 * Aufwendungen für Waren (Wareneingang)
6061 Bezugskosten
6062 Nachlässe

**61 Aufwendungen für bezogene Leistungen**
6100 Aufwendungen für fertige Erzeugnisse
6130 Weitere Fremdleistungen (z. B. Garantieleistungen, Leiharbeitskräfte)
6140 Frachten und Fremdlager (inkl. Versicherung und anderer Nebenkosten)
6150 Vertriebsprovisionen
6160 Fremdinstandhaltung
6170 Sonstige Aufwendungen für bezogene Leistungen

**62 Löhne**
6200 Löhne

**63 Gehälter**
6300 Gehälter

**64 Soziale Aufwendungen**
6400 Arbeitgeberanteil zur Sozialversicherung
6420 Beiträge zur Berufsgenossenschaft
6440 Aufwendungen für Altersversorgung
6490 Aufwendungen für Unterstützung
6095 Sonstige soziale Aufwendungen

**65 Abschreibungen**
6510 Abschreibungen auf immaterielle Vermögensgegenstände des Anlagevermögens
6520 Abschreibungen auf Sachanlagen
6530 Abschreibungen auf Geringwertige Wirtschaftsgüter (GWG)
6540 Abschreibungen auf Sammelposten
6550 Außerplanmässige Abschreibungen auf Sachanlagen
6570 Unüblich hohe Abschreibungen auf Umlaufvermögen

**66 Sonstige Personalaufwendungen**
6600 Sonstige Personalaufwendungen

**67 Aufwendungen für die Inanspruchnahme von Rechten und Diensten**
6700 Mieten, Pachten
6710 Leasing
6720 Lizenzen und Konzessionen
6730 Gebühren
6750 Kosten des Geldverkehrs
6770 Rechts- und Beratungskosten
6780 Aufsichtsratstantieme

**68 Aufwendungen für Kommunikation (Dokumentation, Information, Reisen, Werbung)**
6800 Büromaterial
6810 Zeitungen und Fachliteratur
6820 Postentgelte / Telekommunikation
6850 Reisekosten
6860 Bewirtung und Präsentation
6870 Werbung
6880 Spenden

**69 Aufwendungen für Beiträge und Sonstiges sowie Wertkorrekturen und periodenfremde Aufwendungen**
6900 Versicherungsbeiträge
6920 Beiträge zu Wirtschaftsverbänden und Berufsvertretungen
6930 Verluste aus Schadenfällen
6940 Sonstige Aufwendungen (z. B. Kursverluste)
6950 Abschreibungen auf Forderungen
6951 Abschreibungen auf Forderungen wegen Uneinbringlichkeit
6952 Zuführungen zu Einzelwertberichtigungen
6953 Zuführungen zu Pauschalwertberichtigungen
6960 Verluste aus dem Abgang von Vermögensgegenständen
6980 Zuführungen zu Rückstellungen
6990 Periodenfremde Aufwendungen

## 7 Weitere Aufwendungen

**70 Betriebliche Steuern**
7000 Gewerbesteuer
7020 Grundsteuer
7030 Kraftfahrzeugsteuer
7070 Ausfuhrzölle
7080 Verbrauchsteuern
7090 Sonstige betriebliche Steuern

**74 Abschreibungen auf Finanzanlagen und Aufwendungen aus dem Abgang von Gegenständen des Umlaufvermögens**
7400 Abschreibungen auf Finanzanlagen
7460 Aufwendungen (Verluste) aus dem Abgang von Gegenständen des Umlaufvermögens

**75 Zinsen und ähnliche Aufwendungen**
7510 Zinsaufwendungen
7530 Diskontaufwendungen
7590 Sonstige zinsähnliche Aufwendungen

**77 Steuern vom Einkommen und Ertrag**
7700 Gewerbeertragsteuer
7710 Körperschaftsteuer
7720 Kapitalertragsteuer

## 8 Ergebnisrechnungen

**80 Eröffnung / Abschluss**
8000 Eröffnungsbilanzkonto (EBK)
8010 Schlussbilanzkonto (SBK)
8020 GuV-Konto

**81 Konten der Kostenbereiche für die GuV im Umsatzkostenverfahren**

**85 Konten der kurzfristigen Erfolgsrechnung (KER) für innerjährige Rechnungsperioden (Monat, Quartal oder Halbjahr)**

## 9 Kosten- und Leistungsrechnung (KLR)

In der Praxis wird die KLR gewöhnlich tabellarisch durchgeführt.

* Für diese Positionen werden i. d. R. separate Konten für Bezugskosten und Nachlässe geführt. Für das Konto „Sonstiges Material" (2070) würden beispielsweise **Bezugskosten** über das Konto 2071 und **Nachlässe** über das Konto 2072 gebucht. Aus Gründen der Übersichtlichkeit wird hier auf die entsprechende Darstellung verzichtet.